AF745033

Science et révolutions

5-7, rue de l'École-Polytechnique, 75005 Paris

http://www.librairieharmattan.com
diffusion.harmattan@wanadoo.fr
harmattan1@wanadoo.fr

ISBN : 978-2-343-00535-5
EAN : 9782343005355

Parlement[s]

Revue d'histoire politique

Revue à comité de lecture publiée par
le Comité d'histoire parlementaire et politique
aux Éditions Pepper/L'Harmattan.

Créée en 2003, *Parlement[s], Histoire et politique* a modifié son sous-titre en 2007 pour affirmer sa vocation à couvrir tous les domaines de l'histoire politique, sous la plume de chercheurs confirmés et de jeunes doctorants. Elle se consacre à l'histoire politique moderne et contemporaine en général (sans s'interdire des incursions dans l'Antiquité et le Moyen Âge), aux études parlementaires en particulier. Les trois volumes annuels contiennent un dossier thématique – la partie [Recherche], composée d'articles originaux et de [Sources] commentées – et de [Lectures] rendant compte d'ouvrages récents ; ils sont complétés de [Varia] deux fois par an.

Revue soutenue par le POLEN (EA 4710, Université d'Orléans).

Retrouvez la liste des numéros parus, à paraître, la procédure de soumission des propositions et les conditions d'abonnement en fin de volume.

La présentation détaillée des normes éditoriales et les sommaires de tous les volumes sont disponibles sur le site du CHPP : **www.parlements.org**

Toutes les parutions sont également annoncées sur **www.facebook.com/pagechpp**

Les numéros sont en vente à l'unité (éditions papier et numérique) sur le site de L'Harmattan : **www.editions-harmattan.fr**

Les articles sont en vente à l'unité sur la plate-forme Cairn (accès gratuit aux sources et aux comptes rendus, gratuité intégrale après trois années révolues) : **www.cairn.info**

Éditions Pepper – L'Harmattan

En couverture : « La science est une force de production », affiche de Wen Guozhang, 1979, print n° 8027.7232 (International Institute of Social History, Amsterdam / www.chineseposters.net). Cf. la présentation par Stefan R. Landsberger p. 85-94.

Dossier coordonné par ***Cédric Grimoult***

[Recherche]

[Sources]

[Varia]

[Recherche]

Introduction

Cédric Grimoult
Docteur habilité en histoire des sciences, professeur agrégé en classes préparatoires littéraires au lycée Jean Jaurès de Montreuil (93)
POLEN-CEPOC, Université d'Orléans,
CHCSC, Université de Versailles-Saint-Quentin
cedric.grimoult arobase laposte.net

Les sciences ont contribué aux révolutions politiques de diverses manières. Citoyens actifs ou même simples sujets éclairés, membres à part entière des groupes sociaux les plus importants, les hommes de science sont avant tout des acteurs capables de percevoir les enjeux que représentent ces tournants majeurs de la vie collective et de s'y impliquer lorsqu'ils ont cru devoir s'engager. Les sciences offrent aussi des avantages en termes idéologiques et symboliques pour ceux qui peuvent en instrumentaliser les résultats : si savoir rime avec pouvoir, les représentations qu'elles véhiculent, bien qu'éphémères et rarement adaptables à l'objet social, constituent un attrait auquel ont succombé bien des dirigeants, qu'ils soient conservateurs, progressistes ou, surtout, révolutionnaires. Car il faut légitimer le changement, l'inscrire dans un ordre à la fois ancien et nouveau, ce à quoi peut contribuer l'aura positive de la science, réputée objective, rationnelle, logique, efficace, et productive. Leur rigueur dans le traitement de l'information et leur maîtrise systématique de procédures complexes prédisposent, en théorie, aussi les chercheurs aux fonctions de conseil et d'encadrement, bien que leur besoin d'indépendance et leur esprit critique les maintiennent souvent à l'écart d'une immixtion forte dans la vie de la cité. Mais des conditions favorables – comme la foi dans le progrès partagé à l'époque des Lumières – ou au contraire particulièrement difficiles – pendant la Seconde Guerre mondiale notamment – révèlent un engagement massif des scientifiques dans les questions politiques.

Ce dossier consacré à « Science et révolutions politiques » éclaire ces aspects à travers des exemples issus de lieux et de moments très différents. La contribution des hommes de science et des disciplines scientifiques s'est montrée plurielle, à travers les apports de leurs méthodes spécifiques, de chercheurs mobilisés et de leurs résultats particuliers.

L'éthique du savant et la révolution

L'esprit critique ne connaît pas de frontière. Au fondement de sa philosophie, Descartes inscrit un doute absolu. Le politique, au même titre que la nature, peut – et même doit – dès lors, être interrogé de façon méthodique. Les savants, comme l'on qualifie encore, à l'époque moderne, les hommes de science, font partie des individus les plus novateurs, qui constituent l'élite au sens original du terme. Ils appellent donc souvent de leur vœu l'établissement d'un gouvernement rationnel. Et lorsque la méthode expérimentale s'impose, au XVIIe siècle, comme guide essentiel de la science moderne, la légitimité de l'État ainsi que la question de l'organisation des pouvoirs n'échappent pas à une investigation systématique de type scientifique. Au XIXe siècle, lors de la vague scientiste, Auguste Comte souhaite l'émergence d'un gouvernement « positif », c'est-à-dire fondé sur des faits, utilisant des méthodes mathématiques, et tirant profit des expériences passées et présentes.

Dans un livre marquant[1], l'éthique de la révolution scientifique naissante, au XVIIe siècle, est directement rapportée aux problèmes politiques du temps. À Thomas Hobbes, l'auteur du *Leviathan*, partisan de l'absolutisme et défenseur de l'hermétisme de maîtres charismatiques, s'oppose Robert Boyle, qui vante une conception collégiale du pouvoir politique et scientifique, car l'expérimentation implique la critique des pairs, qui élaborent la science de manière collective dans un nouveau type de lieu social et savant : le laboratoire. Publicité des découvertes, des débats et liberté de pensée constituent dès lors des éléments essentiels de l'éthique scientifique, par opposition

[1] Steven Schapin, Simon Schaffer, *Leviathan and the Air-Pump. Hobbes, Boyle, and the Experimental Life*, Princeton, Princeton University Press, 1985.

au secret des recettes enseignées par le maître à ses disciples, au moyen de l'argument d'autorité, évitant ainsi tout débat censé nuire à l'ordre social, en cette époque de guerres civiles et religieuses. Dès ses débuts, la science moderne inclut donc des enjeux politiques qui débordent largement les institutions qui l'encadrent et concernent plus ou moins directement la question du régime idéal et concret.

Au-delà du contexte particulier de l'Angleterre du XVIIe siècle, la méthode expérimentale s'est révélée particulièrement adaptée à l'investigation scientifique, permettant la multiplication des découvertes et la mise au point de procédures de plus en plus raffinées pour tester des hypothèses à la fois audacieuses et riches d'un potentiel technique, et donc industriel, capable de transformer en profondeur l'économie européenne, puis mondiale. En même temps, la publicité des débats, la liberté de la critique et la pluralité des approches prédisposent les chercheurs à un nouveau mode de fonctionnement de la vie politique, au parlementarisme et à la culture du compromis, laquelle ne fait d'ailleurs pas bon ménage avec la révolution. Les scientifiques sont plus volontiers réformistes que radicaux. Nathalie Pigeard-Micault montre ainsi que Charles Adolphe Wurtz et ses collègues membres de la Faculté de médecine de Paris restent, en 1871, à l'écart de la Commune.

Du laboratoire à l'arène politique

Différentes circonstances peuvent néanmoins conduire les scientifiques à s'impliquer dans la sphère publique. C'est ce que montre notamment Juan José Saldaña lors de la révolution mexicaine pour l'indépendance, au début du XIXe siècle, dans un contexte fortement empreint de nationalisme. Et si la révolution se produit, rien n'empêche les savants d'en prendre la direction afin de l'orienter dans un sens conforme à leur conception de l'intérêt général, lequel ne saurait entrer en contradiction avec les progrès de la science. Benjamin Franklin, présenté par Jean Audouze, peut ainsi promouvoir un gouvernement compatible avec le développement du savoir et des richesses nationales, une république attachée – comme le veut l'étymologie – au bien commun et au bien-être du plus grand nombre.

Plus discrètement, surtout lorsque le contexte s'avère défavorable, d'autres savants peuvent s'engager au service d'une réforme du pays, sans participer nécessairement à l'écume des événements. Le réseau des chimistes bourguignons au sein du Comité de salut public, joue ainsi, dans l'ombre, un rôle essentiel mais peu connu dans la rénovation globale permise par la Révolution française[2]. Certains contribuent activement à la chute de Robespierre, puis à l'avènement de Bonaparte[3].

Le comportement héroïque d'Étienne Geoffroy Saint-Hilaire, venu au secours de ses collègues naturalistes victimes de la lutte aveugle menée contre les clercs et les aristocrates entre 1792 et 1794, illustre aussi les solidarités qui unissent ceux qui partagent l'amour de la recherche scientifique. Une relation de ces événements, restée jusqu'ici inédite, est présentée dans la rubrique [Sources][4]. Elle témoigne des liens profonds qui unissent les savants parisiens, indépendamment des explosions épisodiques de la violence politique. Dans cet exemple, il est à nouveau question d'éthique scientifique et de vie de la cité.

Des institutions naturelles

Les révolutions politiques constituent aussi des temps forts de l'affrontement idéologique, où théories scientifiques et représentations symboliques sont utilisées à des fins partisanes. Umberto Eco écrit ainsi :

> « [...] on est habituellement fasciné par les grandes révolutions qui apparaissent à la postérité comme l'effet d'un seul acte de force qui, frappant un point apparemment insignifiant, fait tourner l'axe entier d'une situation de pouvoir : la prise de la Bastille, l'assaut du palais d'Hiver, le coup de main contre la caserne Moncada... [...] En fait, l'acte de force "historique" n'avait jamais été un acte de force mais un geste symbolique, une trouvaille théâtrale finale qui sanctionnait, d'une façon significative également au niveau du décor, une crise des rapports de pouvoir qui s'était diffusée et ramifiée depuis longtemps. »[5]

Dans un livre remarqué[6], Bruno Latour montre que, pour s'imposer dans un milieu extrêmement concurrentiel, les chercheurs recrutent de nombreux « alliés » afin d'emporter l'adhésion de la communauté scientifique. Outre leur convocation d'autres résultats d'expériences, de collègues travaillant dans des champs connexes ou d'appareils

---

2 Cédric Grimoult, *Sciences et politique en France. De Descartes à la révolte des chercheurs*, Paris, Ellipses, 2008, p. 246-247.

3 *Ibid.*, p. 192-193.

4 NDLR cf. « Notes sur les dangers encourus par Lacépède pendant la Terreur, par Étienne Geoffroy Saint-Hilaire », présentées par Cédric Grimoult, *infra*, p. 73-76.

5 Umberto Eco, *La Guerre du faux*, Paris, Le Livre de poche, 1985 [1979], p. 346.

6 Bruno Latour, *La Science en action. Introduction à la sociologie des sciences*, Paris, La Découverte, 1989.

complexes, ils peuvent espérer le soutien des grandes entreprises finançant leur activité, de l'armée intéressée par les retombées techniques de leurs découvertes, ou encore de chefs d'État soucieux de montrer l'efficacité de leurs actes et de bénéficier du prestige associé à la découverte. Les astronomes de l'Observatoire de Paris fondé par Louis XIV donnaient aux astres des noms en rapport avec celui de leur mécène ; ceux du temps de la guerre froide bénéficient des moyens d'explorer l'espace extraplanétaire, en glorifiant leur pays. Stefan R. Landsberger commente ainsi la mise en scène de la conquête spatiale à travers une affiche de propagande chinoise, datée de 1979, qui révèle le sens et les limites d'un message visuel impliquant les sciences à seule fin de glorifier la Révolution maoïste[7].

Un autre pays communiste ayant favorisé la conquête spatiale entendait aussi, au nom de l'idéologie officielle marxiste-léniniste, réformer la science, en expurgeant ce qu'elle aurait eu de « bourgeois » afin de la rendre « prolétarienne ». Afin de révolutionner la biologie, il s'est agi de liquider toute référence au hasard et de prétendre à la toute-puissance du milieu, dans la production agricole comme dans l'économie animale et l'histoire de la Terre, quitte à sacrifier la réalité expérimentale et les chercheurs qui s'y consacraient. Le témoignage de Denis Buican, dans la partie [Sources] également[8], montre les conséquences terriblement négatives de la destruction systématique d'une science, au nom de cette idéologie de la révolution. Il prend ses distances avec une attitude révisionniste qui tend, depuis les années 1970 jusqu'à nos jours, à imputer le lyssenkisme au seul culte de la personnalité de Staline, afin de disculper les éléments fautifs de la doctrine des fondateurs du marxisme[9].

Les idées scientifiques peuvent être utilisées à toutes les sauces idéologiques. Si le darwinisme social du XIXe siècle, d'abord théorisé par Herbert Spencer, se veut rigoureusement anti-étatique et libéral, l'eugénisme et le racisme des anthropologues du début du siècle suivant exigent l'aide de l'État pour s'imposer au sein des institutions savantes et entrer en pratique, dans l'Allemagne nazie ou la France de la Révolution nationale. L'article que nous consacrons à ces auteurs, qui n'ont de scientifiques que leurs prétentions, illustre aussi comment, à l'opposé du mythe de la Tour d'ivoire, les savants ont participé et participent aux révolutions politiques.

---

7 NDLR : cf. « La science est une force de production », affiche chinoise de 1979 (en couverture de ce numéro), présentée par Stefan R. Landsberger, *infra*, p. 85-94.

8 NDLR : cf. « Biologie et révolution communiste : témoignage de Denis Buican, généticien roumain », présenté et recueilli par Cédric Grimoult, *infra*, p. 77-84.

9 Pour plus de détails, consulter : Denis Buican et Cédric Grimoult, *Évolution. Histoire et controverses*, Paris, CNRS Éditions, 2012, p. 144.

L'histoire des sciences présente aujourd'hui de nombreux visages, en raison de l'ampleur du champ qu'elle couvre. Mais ses spécialistes se reconnaîtront sans doute dans l'intérêt croissant qu'ils portent au contexte dans lequel sont produites les nouvelles idées scientifiques et interfèrent avec lui. Les historiens du politique trouveront aussi dans ce dossier de multiples points de connexion avec leurs propres travaux et préoccupations, car la science fait partie intégrante des sociétés contemporaines et doit donc être pensée en liaison avec les autres catégories des productions culturelles, en tenant compte des spécificités propres à l'activité scientifique sanctionnée par la réalité expérimentale.

C'est d'ailleurs aussi parce que la science n'est pas suffisamment intégrée aux institutions et au débat normal des démocraties occidentales – sans parler des autres régimes – que de faux débats peuvent surgir, comme ceux suscités par les créationnistes – aux États-Unis, en Turquie, et jusqu'au sein du Conseil de l'Europe – ou que des choix majeurs pour nos sociétés restent mal posés et idéologiquement biaisés, comme c'est le cas pour le réchauffement climatique, les OGM et la production énergétique notamment. Faire entrer la science – non seulement ses contenus, mais surtout ses méthodes et ses procédures d'évaluation critique – au cœur du débat démocratique, c'est-à-dire sans qu'il ne bascule dans la technocratie ou, à l'extrême inverse, dans la démagogie, demeure un chantier majeur de la modernisation politique du XXIe siècle.

Benjamin Franklin : de la science à l'action politique

Jean Audouze
Directeur de recherche émérite au CNRS
Président de la Commission nationale française pour l'UNESCO
Institut d'astrophysique de Paris
audouze arobase iap.fr

Quelques hommes jouent à eux seuls un rôle historique dans le déclenchement des révolutions ou des transformations profondes des sociétés auxquelles ils appartiennent. C'est le cas, par exemple, de Mirabeau au tout début de la Révolution française, du général de Gaulle et de son appel du 18 juin 1940 qui permit à la France de ne pas perdre complètement la face au début de la Seconde Guerre mondiale, de Gandhi et de l'indépendance de l'Inde ou encore de Nelson Mandela dans la fin de l'apartheid et l'accession de l'Afrique du sud à la démocratie.

Benjamin Franklin appartient à cette catégorie de personnages exceptionnels en raison même de la part qu'il prit dans l'accès à l'indépendance des provinces américaines dépendant de la Couronne d'Angleterre et qui allaient devenir les États-Unis, ainsi que dans la rédaction de la Constitution de cette fédération, qui conserve toute sa vigueur et sa force aux États-Unis[1]. De plus, Franklin est également

[1] Walter Isaacson, *Benjamin Franklin: an American Life*, Simon Schuster, 2003.

connu pour ses travaux expérimentaux concernant l'électricité et ses transports au cours des orages, et pour avoir inventé le paratonnerre.

Ayant eu le bonheur de présenter son œuvre à l'occasion du tricentenaire de sa naissance en 2006[2], je suis convaincu que nous avons tout à gagner à connaître davantage sa biographie et son œuvre dans tous les domaines (scientifique, littéraire, entrepreneurial, administratif, diplomatique et politique) et, si possible, à nous en inspirer pour tenter de mieux vivre avec et pour les autres.

Le propos de cet article est de montrer que ces deux types d'activités (scientifique et politique), apparemment indépendants l'un de l'autre, en fait ne le sont pas et qu'on ne peut expliquer vraiment l'importance du rôle politique de Benjamin Franklin qu'à la lumière de ses réalisations et de ses succès en matière scientifique. L'évocation rapide des principales étapes de la vie de Franklin va nous permettre de nous convaincre de cette interaction constante entre son rôle politique, qui s'est manifesté comme on va le voir de multiples façons, et ses activités scientifiques très souvent tournées vers le bien de ses concitoyens.

Le personnage privé

Benjamin Franklin naît le 17 janvier 1706 à Boston, comme le dix-septième et dernier enfant d'une famille modeste tirant sa subsistance de la fabrication de chandelles et de savons. On note qu'il devient apprenti de son père en 1716 et qu'en 1718, ce dernier l'envoie chez l'un de ses frères, James, imprimeur, et qu'il apprend donc les métiers de l'imprimerie et de l'écriture en devenant alors journaliste. En 1723, âgé de 17 ans, il quitte Boston et son frère pour se fixer à Philadelphie chez un autre imprimeur, Keimer. Franklin n'est pas seulement imprimeur et journaliste : l'écriture va devenir l'une de ses activités essentielles. Je passe rapidement sur la période 1723-1728, au cours de laquelle il effectue un premier voyage à Londres et travaille chez plusieurs imprimeurs.

En 1728, il crée sa propre imprimerie avec Hugh Meredith et, en 1729, il acquiert la *Gazette de Pennsylvanie.* En 1730, il se marie avec Deborah Read. La même année, il est élu imprimeur officiel du gouvernement de la Pennsylvanie. En 1731, il adhère à la franc-maçonnerie, dont il devient grand maître en 1734, et fonde la même année une première bibliothèque municipale accessible à tous moyennant une cotisation très modique. Franklin y voyait un moyen de

---

[2] Jean Audouze (éd.), *Moi, Benjamin Franklin. Citoyen du monde, homme des Lumières*, Paris, Dunod, 2006.

transmettre les idéaux de liberté et les principes moraux devant guider la vie du plus grand nombre. En 1732, il lance l'*Almanach du Pauvre Richard*, qu'il va publier sur un rythme annuel pendant 25 ans sous le pseudonyme de Richard Saunders. Dans cette publication annuelle, il ne se contente pas de reporter les éphémérides et les horaires des marées. Cet almanach est conçu dans un but pédagogique, moral et civique car Franklin prodigue nombre de conseils propres à améliorer la vie en société. C'est à la même époque qu'il apprend plusieurs langues étrangères dont le français, l'allemand, l'espagnol et l'italien.

Le citoyen impliqué dans la vie de la communauté

À partir de ses activités d'imprimeur et de journaliste, Franklin se lance dans la vie publique. En 1736, il est nommé secrétaire de l'assemblée générale de Pennsylvanie, dont il deviendra membre en 1747. Puis en 1737, il est nommé Maître des postes de la Pennsylvanie, ce qui facilite la diffusion de ses publications et de ses idées et le place au contact des autres « colonies » anglaises d'Amérique du Nord (qui deviendront ultérieurement les premiers États adhérant à la future fédération). En 1738, il met en place la première compagnie des pompiers de Philadelphie et crée aussi une compagnie d'assurance contre le feu. En 1743, il fonde la société américaine de philosophie.

La période au cours de laquelle il consacre beaucoup de temps à ses travaux sur l'électricité (la définition des charges positives et négatives ; le concept de conducteur et d'isolant, le pouvoir des pointes métalliques d'attirer vers elles les courants électriques, le caractère « électrique » des éclairs survenant au cours des orages et de la foudre) se situe autour des années 1743-1746. C'est effectivement de 1747 à 1750 qu'il échange des lettres relatant ses découvertes avec un physicien anglais membre de la *Royal Society*, Peter Collinson, qui nouait des relations intenses avec la communauté scientifique américaine basée à Philadelphie. Ses lettres sur l'électricité sont publiées à Londres en 1751. Ses approches scientifiques sont surtout expérimentales et pratiques. Néanmoins la paternité du concept de l'existence de deux électricités de charges opposées lui revient entièrement.

À l'instigation de Georges-Louis Leclerc, comte de Buffon, le célèbre intendant du Jardin du Roi à Paris, qui s'était procuré la correspondance entre Franklin et Collinson, le 10 mai 1752, deux Français, Thomas François Dalibard et Delor, effectuent la célèbre expérience de Marly-la-Ville par laquelle l'électricité d'un éclair est capturée par une pointe métallique. La paternité de l'idée est bien attribuée à Franklin par l'Académie des Sciences de Paris et Louis XV lui adresse un message de félicitations. Grâce à ses activités scientifiques, Franklin est reconnu et apprécié en France dès cette époque. Il est notamment élu membre de l'Académie des Sciences de Paris en 1772. Par ailleurs, il convient de rappeler que Franklin, ignorant alors l'expérience de Marly-la-Ville, réalise en juin 1752 sa fameuse expérience de la clé et du cerf-volant et fait voler une clé qui entrant au contact de l'éclair, s'électrise aussitôt. Franklin eut énormément de chance de réaliser cette expérience lors d'un orage peu violent. Un physicien suédois entreprit la même expérience trois ans plus tard et mourut électrocuté. L'abbé Nollet, jaloux des succès scientifiques de Franklin, tenta d'utiliser cet accident pour le discréditer, mais il échoua heureusement dans cette tentative.

Soucieux de protéger la population des méfaits de la foudre à l'origine des nombreux incendies qui frappaient les habitations, généralement en bois, Franklin invente donc le premier paratonnerre fondé sur le principe des pointes, découvert par lui-même quelques années plus tôt.

Il convient de noter que le paratonnerre n'est pas la seule de ses inventions possédant un caractère « social » indéniable : Franklin invente aussi les lunettes à double foyer ainsi qu'un poêle à bois à combustion contrôlée, qui équipera pendant près d'un siècle la plupart des maisons individuelles américaines, car il permet de gérer les émissions de fumées tout en diminuant les déperditions caloriques. Il adapte également un cathéter européen pour soulager les douleurs de son frère John, atteinte d'une grave maladie des voies urinaires.

Vers la Révolution américaine

Poursuivons l'évocation de la carrière administrative et politique de Franklin après qu'il s'est retiré de la vie professionnelle en 1748. En 1749, il est à l'origine, avec quelques amis, du premier collège universitaire (*Academy of Philadelphia*), qui deviendra ultérieurement l'Université de Pennsylvanie. Thomas Jefferson, qui lui succède comme ambassadeur en France, suit son exemple en créant à son tour l'Université de Virginie à Charlottesville. En 1751, Franklin est élu membre de l'Assemblée de Pennsylvanie, et en 1753, Maître des Postes adjoint pour l'Amérique du Nord. En 1754, il prend des initiatives pour s'opposer aux Français qui font la guerre aux Anglais afin de s'assurer du contrôle de la vallée de l'Ohio, et participe à la réflexion concernant le rapprochement entre les colonies, notamment autour du projet de poursuite de l'expansion européenne vers l'Ouest[3]. En 1756, il publie

[3] Élise Marienstras et Naomi Wulf, *Révoltes et révolutions en Amérique*, Paris, Atlande, 2005, p. 47.

différents règlements concernant l'éclairage urbain. De 1757 à 1762, il effectue plusieurs séjours en Europe (Londres, Flandre, Hollande). C'est en 1760 qu'il recommande à l'Angleterre de conserver le Canada.

De 1762 à 1774, Franklin déploie une grande activité politique : il est nommé agent des colonies à Londres, l'équivalent d'un ambassadeur auprès des Anglais pour la Pennsylvanie et pour quelques autres provinces (Massachusetts, New Jersey et Géorgie). Lors de l'un de ses séjours à Londres, où il est humilié par le parlement anglais, il devient partisan de l'indépendance des provinces américaines vis-à-vis de la couronne britannique. Une autre raison de cette décision très importante vient du fait qu'il ne supporte plus, à l'instar de nombreux Américains, que la couronne britannique soumette les provinces américaines à des impôts qu'il juge exorbitants. En 1775, il est élu au second Congrès de ces provinces et propose les premiers articles de la Constitution de la confédération. Devenant alors une personnalité incontournable de la cause indépendantiste, il participe à l'ensemble des actions menées en ce sens, et pour lesquelles ses qualités scientifiques constituent une aide précieuse. Le 1er juillet 1776, l'assemblée de Philadelphie décide la rédaction de la Déclaration d'indépendance des États-Unis ; un comité de rédaction est constitué, composé de cinq hommes : Benjamin Franklin, John Adams, Roger Sherman, Robert Livingston et Thomas Jefferson.

En 1776, il est envoyé en France pour obtenir l'appui de notre pays contre l'Angleterre. Après s'être installé en 1777 dans le quartier de Passy, il devient, en 1779, le premier ambassadeur des États-Unis en France. Son prestige scientifique auprès des Français lui ouvre les portes de Vergennes, secrétaire d'État des Affaires étrangères, et de Turgot. Bien que ce dernier ait déjà été évincé du gouvernement, Franklin parvient facilement à convaincre la France d'aider les *Insurgens*[4]. Ce soutien se manifeste d'abord financièrement : la dépense creusa le déficit du trésor français de plus d'un milliard de livres, la dette française atteignant 3 315 millions de livres en 1782[5], ce qui fait de la participation à la guerre d'indépendance américaine l'une des causes indirectes de la Révolution de 1789. Au même moment, le célèbre corps expéditionnaire levé et dirigé par le marquis de la Fayette va prêter main-forte sur le plan militaire aux troupes américaines.

La force de persuasion de Franklin venait en grande partie de son prestige scientifique et de son amitié avec les philosophes français, dont Voltaire, qui le tenait en très haute estime. Dans *La vie de Voltaire*,

---

4 Susan Mary Alsop, *Les Américains à la Cour de Louis XVI*, Paris, Jean-Claude Lattès, 1983 (1982).

5 Joël Cornette, *Absolutisme et Lumières 1652-1783*, Paris, Hachette, 2000, p. 193.

Condorcet rapporte que Franklin s'empressa de voir un homme dont la gloire occupait depuis longtemps les deux mondes : Voltaire, quoiqu'il eût perdu l'habitude de parler anglais, essaya de soutenir la conversation dans cette langue ; puis reprenant bientôt la sienne : « je n'ai pu résister au désir de parler un moment la langue de M. Franklin ». Plus tard, les deux hommes se rencontrèrent de nouveau lors d'une séance publique de l'Académie des Sciences et le public contemplait avec admiration ces deux grands hommes assis côte à côte. Voltaire et Franklin partageaient aussi leur indignation quant à la traite des noirs et à l'esclavage.

Après la défaite des Anglais à Yorktown le 17 octobre 1781, Franklin initie les négociations de paix. Au cours de l'été 1782, il rédige l'ébauche du traité de paix conduisant à l'indépendance des provinces américaines qui vont devenir les premiers États de la nouvelle confédération. Il signe le traité de Paris avec John Adams et John Jay en 1783 et met ainsi fin à la guerre d'indépendance. Sa popularité est alors très grande. Rappelons que lorsque Louis XVI accueille Thomas Jefferson, le nouvel ambassadeur des États-Unis – en lui disant « Ah, c'est vous qui remplacez le Docteur Franklin » –, Jefferson répondit : « Majesté, personne ne peut remplacer le Docteur Franklin. Je suis seulement son successeur ! »[6]. À son retour en Amérique, Franklin devient le président[7] de l'État de Pennsylvanie de 1785 à 1788, et participe alors à la rédaction de la Constitution des États-Unis. Il est ainsi le seul des « Pères fondateurs » des États-Unis à avoir signé les trois grands textes de la nouvelle nation[8].

Après une vie aussi bien remplie, puisqu'il présida à la naissance des États-Unis d'Amérique au même titre que George Washington et qu'il participa activement à la rédaction des trois textes fondateurs de cette grande fédération (la Déclaration d'indépendance, le Traité de Paris et la Constitution américaine), Franklin meurt à Philadelphie le 17 avril 1790. À l'annonce de sa mort, l'Assemblée constituante française décide un deuil national de trois jours. Un immense hommage lui est rendu à Paris, au cours duquel 5 000 Parisiens écoutent les prises de parole des représentants du roi, de la Ville de Paris et des ouvriers imprimeurs. Mirabeau salue sa mémoire en évoquant devant l'Assemblée : « Benjamin Franklin, le génie qui affranchit l'Amérique et versa sur

---

[6] Cité par Yves Pouliquen, *Félix Vicq d'Azyr, Les Lumières et la Révolution*, Paris, Odile Jacob, 2009, p. 97.

[7] Et non gouverneur, dans la mesure où ce titre remplace celui de président de l'État après la fin du troisième mandat de Franklin à ce poste.

[8] Élise Marienstras et Naomi Wulf, *Révoltes et révolutions en Amérique*, Paris, Atlande, 2005, p. 171.

l'Europe des torrents de lumière. Le sage que deux mondes réclament. »[9]

Les Américains considèrent à juste titre Benjamin Franklin comme un « père » de leur nation, au même titre que George Washington. La philatélie a enregistré plusieurs timbres à son effigie et son portrait orne toujours les billets de 100 dollars américains.

Cet article est trop bref pour rendre justice aux très nombreux accomplissements de Franklin dans tous les domaines. Mais j'espère avoir démontré que sa recherche scientifique ne fut pas indépendante de ses activités en faveur de ses contemporains (création de bibliothèques, d'un grand hôpital, d'une université, publication pendant vingt-cinq ans d'un almanach rempli de conseils et suggestions pour la vie courante) et de son parcours en politique et en diplomatie.

Les caractéristiques communes à l'ensemble de son œuvre polymorphe sont à la fois le pragmatisme et l'altruisme. Il invente entre autres choses le paratonnerre, pour lutter contre les incendies déclenchés par la foudre, un poêle à combustion contrôlée pour améliorer les conditions de chauffage des maisons individuelles et un cathéter pour soulager les souffrances de l'un de ses frères.

Le prestige qu'il acquiert grâce à ses découvertes sur l'électricité lui confère une efficacité indéniable dans ses actions diplomatiques et politiques. L'intelligentsia française le porte aux nues. Il n'a donc aucun mal à convaincre la France de contribuer effectivement à la création des États-Unis d'Amérique. C'est ainsi que Turgot s'exprima en l'évoquant : « Il [Franklin] ôta le feu du ciel comme il retira le sceptre des mains des tyrans »[10].

---

[9] Édouard Laboulaye (éd.), *Correspondance de Benjamin Franklin*, Paris, Hachette, 1866, t. 2 (1775-1790), p. 516.

[10] Cette phrase apparaît, en fait, en latin (« *Eripuit coelo fulmen sceptrumque tyrannis* ») au revers d'une médaille à l'effigie de Franklin, exécutée par le graveur Augustin Dupré en 1784 et 1786 et dont un exemplaire est conservé à Paris au Musée Carnavalet.

Faculté et Académie de médecine face à la Commune de Paris

Natalie Pigeard-Micault
Ingénieure d'études, Musée Curie CNRS/Institut Curie
Natalie.pigeard arobase curie.fr

En temps de guerre, les institutions médicales et surtout leurs membres jouent un rôle de premier plan. Chaque conflit armé mobilise ceux qui vont panser les plaies. Or l'efficacité des soins portés aux blessés dépend de l'organisation de ces institutions. Le serment d'Hippocrate interdit aux médecins de choisir vers qui vont leurs soins. De la guerre de 1870 à la Commune de Paris, les médecins vont majoritairement rester dans Paris intra-muros soigner les Français et les Prussiens, puis les Communeux comme les Versaillais. L'attitude du gouvernement de la Commune envers la communauté médicale et surtout l'assistance publique des hôpitaux, et réciproquement, a déjà été étudiée[1]. Cependant, il peut être pertinent

---

[1] Pour une histoire des médecins et de la Commune de Paris voir, entre autres, Jean-Paul Martineaud, *La Commune de Paris, l'assistance publique et les hôpitaux en 1871*, Paris, L'Harmattan, 2004, et Marcel Guivarc'h, *Chirurgie et médecine pendant la guerre et la Commune*, Paris, L. Pariente, 2006.

de s'interroger sur l'implication des institutions académiques médicales durant la Commune de Paris. Quelles ont été les relations entre la Faculté et l'Académie de médecine et le nouveau gouvernement politique ? Afin de comprendre ces articulations historiques, le contexte immédiat doit être rappelé.

De la guerre de 1870 à la Commune

Le temps de la guerre. La France déclare la guerre à la Prusse le 19 juillet 1870. D'emblée s'organise le service médical pour prendre en charge les futurs blessés. Plus de 200 docteurs, 500 étudiants en médecine, 500 pharmaciens et autant d'élèves se sont portés volontaires au service des blessés[2].

La Faculté de médecine ne peut rester en dehors de ce mouvement. Aussi, le 10 août, Charles Adolphe Wurtz, son doyen, propose « d'offrir les services de la Faculté de médecine, professeurs, agrégés et élèves à M. le Ministre de la Guerre pour soins à donner aux blessés et aux malades militaires »[3]. La Faculté est alors forte de soixante enseignants dont vingt-neuf professeurs[4].

Le 2 septembre 1870, l'armée de Mac-Mahon capitule à Sedan et Napoléon III se rend. Le nouveau gouvernement de la Défense nationale de Gambetta proclame la fin de l'Empire et l'avènement de la République le 4 septembre. Il ne faut pas quinze jours pour que Paris soit encerclée par l'armée prussienne.

Le siège de Paris mobilise davantage la communauté médicale et scientifique. Pendant que l'Académie des sciences discourt sur le ravitaillement alimentaire du peuple de Paris, l'Académie de médecine propose au gouvernement de vacciner systématiquement les gardes mobiles contre la variole qui ne cesse de progresser. À la faculté, tous les cours sont tournés vers la situation exceptionnelle de guerre et de siège. On discute des anesthésies, des sparadraps, etc. Le *Journal de médecine et de chirurgie* offre des recettes à base de viande chevaline afin de faire accepter à la population l'idée de manger du cheval, ce qui était loin d'être dans les us et coutumes de l'époque[5]. Ni l'Académie, ni la Faculté n'imaginent encore l'ampleur des dégâts humains dans la

---

2 *Gazette hebdomadaire de médecine et de chirurgie* (puis *GHMC*), n°30, 29 juillet 1870, p. 480.

3 AN : AJ^{16}/6255 assemblée des professeurs du 10 août 1870.

4 Liste des professeurs dans Mary Putnam, *De la graisse neutre et des acides gras* (th. Med. n°33) p. 2 : 29 professeurs, 26 agrégés en exercices, 5 agrégés libres.

5 *Journal de médecine et de chirurgie pratique* (puis *JMCP*), prescription et formules, article 9002 « recettes applicables à la préparation de la viande de cheval », novembre 1870, p. 510.

population de Paris assiégée. Mais Paris se meurt. De septembre 1870 à février 1871, Paris compte 64 154 morts, soit trois fois plus que l'année précédente pour la même période[6].

Le temps passe et la famine s'installe. Pendant que les professeurs de la Faculté continuent à donner des cours pour soigner les blessés, l'Académie, après s'être réunie en toute fin d'année 1870 sur des problèmes de santé publique, célèbre la nouvelle année avec une nouvelle présidence. Dès le 3 janvier 1871, le doyen de la Faculté de médecine de Paris s'installe dans le fauteuil de président de l'Académie de médecine. Dans son discours d'introduction, Wurtz rappelle qu'il est Alsacien : « J'insiste à dessein sur cette coïncidence purement fortuite. Puisse-t-elle être de bon augure au point de vue de nos communes espérances ! »[7] À cette date, l'Alsace n'est pas encore officiellement annexée par la Prusse. Mais le résultat des négociations entre Thiers et Bismarck ne fait aucun doute[8].

Le temps d'un répit. Le 28 janvier 1871, Paris capitule. La capitulation, suivie immédiatement de la fin du siège, est perçue par certains comme une renaissance, par d'autres comme une trahison.

Pour les premiers, il va être possible de reprendre le cours normal des choses. Ainsi la Faculté de médecine profite du relatif calme pour se pencher sur des problèmes d'organisation interne, comme le retour du concours d'agrégation[9]. À l'Académie de médecine, le principal sujet qui préoccupe les savants durant ce relatif calme est l'alcoolisme et ses effets physiologiques. Toutes les séances hebdomadaires de février sont centrées sur cette problématique. Enfin, même si les professeurs reprennent très vite leurs occupations administratives et professorales, le siège de Paris, suivi de la capitulation, ne peut s'oublier immédiatement. Les événements les obligent à s'intéresser aux mouvements politiques. La Prusse voulant signer l'Armistice avec un gouvernement légitime, des élections législatives sont prévues le 8 février 1871. Pour beaucoup apparaît la possibilité de conférer une légitimité à la nouvelle République, imposée le 4 septembre comme un « coup d'État » contre le coup d'État du 2 décembre 1851 par Louis-Napoléon Bonaparte[10]. Plusieurs médecins se présentent aux élections, surtout aux élections municipales de Paris : Clemenceau, Jaclard,

---

[6] *JMCP*, art. 9068, mai 1871, p. 144.

[7] *Bulletin de l'Académie de médecine*, séance du 3 janvier 1871, t. 36, Paris, J.-B. Baillière, 1871, p. 6.

[8] Le traité de Francfort est signé le 10 mai 1871.

[9] *GHMC*, n°6, 10 mars 1871, p. 108. En effet, depuis 1862, l'agrégation n'est plus obligatoire pour le professorat ; la Faculté voudrait la voir rétablie.

[10] *GHMC*, année 1871, page d'introduction.

Bertillon, Axenfeld, Onimus, Broca, Regnard, Poupon, Labat, Gonnard. Clemenceau est élu maire du XVIIIe arrondissement, bien qu'il soit déjà député de Paris[11]. Ils sont tous républicains.

Le 8 février 1871, Paris a voté républicain et contre la capitulation. La France a, quant à elle, majoritairement voté pour les représentants de la Monarchie. Adolphe Thiers devient chef du pouvoir exécutif, pouvoir qui d'emblée s'oppose aux Parisiens.

La capitulation ne peut être admise par le peuple de Paris qui a le sentiment d'avoir enduré inutilement la famine, avant de subir l'humiliation de la défaite. Dès la fin 1870, on entend parler des partisans de la Commune[12] qui ont fondé l'espoir d'une nouvelle république. Leur rêve fut ébranlé par un gouvernement qu'ils n'ont pas choisi et qui a décidé pour eux la reddition. Ces Communeux (comme on les appelle alors)[13] décident de constituer leur propre pouvoir à l'intérieur de Paris mais aussi dans d'autres grandes villes comme Lyon, Saint-Étienne, Dijon, Narbonne, Toulouse, Marseille et Limoges[14].

Un mois de mars agité. À Paris, règne, depuis la proclamation de la République, un esprit de « lutte à outrance ». Le général Trochu disposait d'une force militaire telle que la défaite ne pouvait être envisagée par le peuple. Près de 185 000 soldats, marins ou mobiles, appuyés par une garde nationale de 380 000 hommes mal entraînés et mal armés, car issus pour beaucoup du peuple volontaire de Paris, sont là pour combattre les Prussiens[15]. L'idée de résistance est donc bien ancrée ; elle glisse peu à peu vers celle de révolution.

Les Communeux, refusant la capitulation, obligent le gouvernement de Thiers à s'installer à Versailles. Thiers, chef du gouvernement, ordonne l'enlèvement des canons que la Garde nationale a conservés. Les Parisiens des quartiers Est et Centre se

---

11 *GHMC*, n°3, 17 février 1871, p. 36.

12 « Variétés », *JMCP*, article 9068, février 1871, p. 143.

13 En effet le terme « Communard » n'apparaît que bien longtemps après la Commune dans un sens péjoratif. Ainsi à l'instar d'Encrevé ou de Beyer et de bien d'autres historiens, seul le terme « Communeux » sera utilisé pour non seulement porter le moins de suggestivité possible, mais également pour ne pas écrire d'anachronisme. Voir André Encrevé, « Les protestants et la Commune de Paris », *Christianisme social*, n°2 de 1971, p. 388 et Roland Beyer, « Un combat pour la liberté : les deux cents Alsaciens de la Commune de Paris », *La Commune : Revue d'histoire de l'association des amis de la Commune de Paris 1871*, n°13, 1979, p. 9-40.

14 William Serman, *La Commune de Paris*, Paris, Fayard, 1986, p. 405-424.

15 Jean Elleinstein (dir.), *Histoire de la France contemporaine*, t. 3, *1835-1871*, Paris, Éditions sociales / Livre club Diderot, 1979, p. 343.

soulèvent, n'acceptant pas la défaite et surtout que l'on retire à ses soldats les canons payés par le peuple de Paris.

« L'Affaire des canons » du 18 mars marque le début de la révolte des Parisiens. Le 26 mars, les insurgés organisent des élections municipales. Quarante-huit pour cent de la population parisienne se déplacent aux urnes. Le 28 mars, le gouvernement de la Commune est décrété à Paris.

Le nouveau gouvernement parti pour Versailles, les savants restent en grande majorité à Paris. Les membres de l'Académie, depuis début mars, tournent leurs préoccupations vers les conséquences de la guerre franco-prussienne. L'internement des otages de Dijon, dont l'Académicien des sciences Paul Thenard[16], les hôpitaux touchés par les bombardements, le détournement d'une ambulance mobile, vont susciter chez les savants un sentiment de révolte. Alors se pose la question du boycott. Faut-il, oui ou non, bannir des académies et sociétés savantes les membres correspondants allemands ? Le 14 mars, l'Académie de médecine consacre sa séance à une proposition de Behier faite à la séance précédente, demandant que la motion suivante soit votée : « tous les membres associés ou correspondants étrangers de l'Académie de médecine qui habitent la Prusse ou les pays qui ont aidé cette puissance dans la dernière guerre sont rayés de la liste de l'Académie »[17].

Mais exclure les scientifiques allemands, n'est-ce pas se priver des résultats des savants allemands ? Béclard défend alors les savants au nom de la perte scientifique que leur éviction représenterait. Évincer Liebig, Vogel, Stromeyer, Wölher, Bischoff, Jacobi, Helmholtz… serait une perte pour les progrès de la science en France[18]. La question est renvoyée devant le Conseil de l'Académie, qui rend publique sa décision, via son rapporteur Béclard, le 14 mars :

> « L'Académie, tout en s'associant aux sentiments de patriotique indignation exprimés par notre confrère M. Behier, passe à l'ordre du jour sur la motion qu'il avait proposée : mais elle saisit l'occasion qui lui est offerte pour protester au nom de la science, au nom de la civilisation et au nom de l'humanité, contre la guerre sauvage qui nous a

---

[16] « Enlèvement d'un savant par les Prussiens », *JMCP*, article 9024, janv. 1871, p. 5.

[17] *Bulletin de l'Académie de médecine*, séance du 7 mars 1871, t. 36, Paris, J.-B. Baillière, 1871, p. 130 - Variétés, *JMCP,* avril 1871, article 9078, p. 183.

[18] *GHMC*, n°8, 24 mars 1871, p. 138.

> été faite et contre le bombardement de nos établissements scientifiques et de nos hôpitaux. »[19]

Tous s'accordent néanmoins à féliciter les savants français d'avoir demandé par écrit d'être rayés des listes des sociétés savantes allemandes. Béclard insiste alors sur le fait que ces dernières sont composées de scientifiques qui, pour la plupart, ont dénoncé la guerre. Il s'agit de gestes politiques qui ne doivent pas remettre en cause les relations scientifiques. Dans son feuilleton, Amédée Dechambre résume bien la pensée de Béclard dans la *Gazette hebdomadaire* :

> « La politique est bornée, géographique, égoïste, jalouse [...]. La science est cosmopolite, généreuse, appliquée au progrès universel et continu de l'humanité. [...] Mais l'exclusion en masse que demande M Behier, pour avoir quelque apparence d'équité, supposerait que toute une nation est responsable des actes de son gouvernement ou que nos confrères de la Confédération (allemande) ont approuvé tous ceux du gouvernement prussien. »[20]

Le 21 mars, l'assemblée explique la nécessité de relever la tête face à la Prusse en reprenant la discussion sur l'infection purulente arrêtée un an plus tôt. Le 27 mars, à l'Académie, on parle de la guerre qui vient de se terminer, sans évoquer une autre guerre, civile cette fois, qui s'installe.

À la faculté de médecine, la situation semble plus réaliste. Les cours d'été, qui devaient reprendre le 27 mars, sont officiellement ajournés *sine die*. La plupart des professeurs restent à Paris et assurent leur service dans les hôpitaux. Ce service devient d'autant plus difficile que le trésorier de l'Assistance publique rejoint Versailles le 29 mars, en emportant toute la trésorerie, soit 75 millions de francs or qui devaient servir au ravitaillement des hôpitaux.

Les premières mesures du gouvernement de la Commune concernent l'ensemble de la population. En quelques jours, de nombreux décrets paraissent : les loyers dus depuis le moratoire du 13 août 1870 sont annulés, la vente des objets déposés au Mont-de-Piété est suspendue. La conscription militaire et l'armée de métier sont abolies. Vient immédiatement la séparation de l'Église et de l'État. Le budget des cultes est supprimé ; l'école primaire devient laïque et gratuite, tout comme les hôpitaux. Les traitements des fonctionnaires ne pourront plus dépasser 6 000 francs annuels...

---

[19] *Bulletin de l'Académie de médecine*, séance du 14 mars 1871, t. 36, Paris, J.-B. Baillière, 1871, p. 146.

[20] *GHMC*, n°7, 17 mars 1871, p. 114.

Le temps des cerises

Une faculté de médecine fermée. Au tout début avril, la Garde nationale lance une attaque sur Versailles en même temps qu'elle essuie des assauts dans tout l'ouest de Paris. Aussi, la Commune prend rapidement conscience de la nécessité de faire rouvrir la Faculté de médecine pour former très rapidement les médecins. La Commune veut réformer l'enseignement médical pour vite transformer les étudiants en médecins. Mais voilà, il n'y a plus personne à la tête de la Faculté. Wurtz est parti pour Versailles le 31 mars. Les cours sont fermés ; les professeurs et étudiants sont soit à Versailles soit dans les hôpitaux de la capitale. Pourtant, même exilé à Versailles, Wurtz revendique ses fonctions de doyen, et le 1er avril, fait publier une lettre au journal *Le Gaulois* :

> « Monsieur le rédacteur,
> Dans votre numéro du 31 mars, vous annoncez que j'aurais été obligé de donner ma démission de doyen de la Faculté de médecine de Paris. Je prends la liberté de vous informer que je n'ai pas cessé de remplir ces fonctions et que je suis resté à mon poste, à Paris, jusqu'au 31 mars, jour où M. le ministre de l'Instruction publique m'a donné l'ordre de le quitter pour me rendre à Versailles. »[21]

Si Wurtz est à Versailles, qui préside l'Académie de médecine ? Durant ces mois d'avril et de mai de la Commune, les académiciens continuent à se réunir toutes les semaines sous diverses présidences un peu improvisées. Alors que les combats et les blessés se multiplient dans les rues, les académiciens sont, le 11 avril, quarante-trois sur cent cinq à se rendre rue des Saints-Pères pour élire de nouveaux membres[22]. Il n'est fait aucune mention de la situation parisienne. Ce sont toujours les infections purulentes qui retiennent leur attention.

La Faculté fermée, l'Académie penchée sur d'autres sujets que les problèmes de la rue, le gouvernement de la Commune se retrouve face à un désert d'institutions médicales qui l'empêche de réaliser les réformes nécessaires à la situation.

Le 17 avril 1871, le *Journal officiel de la Commune de Paris* écrit : « Les professeurs de l'École de médecine ont abandonné leur poste ; les cours sont suspendus. Vue l'urgence de faire cesser un pareil état de

---

21 *JMCP*, avril 1871, article 9080, p. 190.

22 Archives de l'Académie de médecine, registre des présences de 1871.

choses, la commission de l'enseignement décide »[23] que chaque corporation médicale se réunira pour élire des délégués. Ces délégués auront pour charge de nommer de nouveaux professeurs et réformer l'enseignement afin que les étudiants soient opérationnels le plus rapidement possible. Un professeur de la Faculté répond immédiatement à ce qu'il juge être une provocation.

> « L'officiel a publié ce matin : "les professeurs de l'école de médecine ont abandonné leur poste". […] Mes collègues ont, pendant le siège, rempli leurs devoirs avec patriotisme. Nous avons fait des médecins pendant tout le bombardement. Depuis la guerre civile, nous avons obéi au seul chef que nous reconnaissons, le Doyen, élu par nous. Ouvrir les cours aujourd'hui est une pensée folle. Comment un homme éclairé, un penseur, un professeur, se désintéresserait des malheurs de la patrie, au point de conserver le calme et la froideur d'esprit nécessaires aux questions scientifiques !
> Comment, les élèves, ces jeunes gens instruits, aux idées généreuses, écouteraient, avec tranquillité, la parole de leurs maîtres, quand le sang ruisselle des deux côtés !
> Quels Français, quels citoyens serions-nous donc !
> Non, nous n'avons point abandonné notre poste, nous avons interrompu un enseignement impossible. »[24]

Pajot, simple professeur d'accouchement et des maladies des femmes, répond à cette attaque au nom de l'ensemble de la Faculté. Pajot fait en effet partie de ses nombreux professeurs qui ont lâché leur enseignement pour se consacrer aux blessés dans les hôpitaux et ambulances.

Le décanat, "abandonné" par son titulaire, la Commune décide de choisir elle-même le doyen de la Faculté de médecine. Elle fait d'abord appel à Alfred Naquet, élève de Wurtz, qui se trouve dans le Vaucluse, où il vient d'être élu député. Naquet refuse. La Commune appelle alors le professeur retraité Pierre Adolphe Piorry (1794-1879) qui n'a, lui non plus, fait aucune démarche dans ce sens et refuse à son tour[25]. Cependant Piorry accède, par arrêté du 11 mai 1871 de la Commune, à la fonction de chirurgien de bataillon dans les milices fédérées.

---

[23] Appel des membres de la Commune délégués à la commission de l'enseignement du 17 avril 1871, *Journal officiel – publication de la commune*, n°79, 20 mars 1871, n°144, 24 mai 1871, 3e année, Paris, s. n.p. 301.

[24] *JMCP*, avril 1871, article 9060, p. 145.

[25] L'appel de la Commune envers Piorry sera multiple. Voir Natalie Pigeard, *Wurtz : un savant dans la tourmente,* Paris, Hermann, 2011 et *GHMC*, n°20, 16 juin 1871 p. 328.

Mais tout comme pour le poste de doyen, apparemment, Piorry n'était pas du tout au courant de cette nomination. Aussi, écrit-il au *Journal officiel* :

> « Je viens de lire au Journal officiel ma nomination comme médecin d'un bataillon de la garde nationale.
> Je déclare formellement que cette nomination a été faite à mon insu et que je ne puis l'accepter. Je ne refuserai jamais mes soins à qui que ce soit, à quelque parti que les malades appartiennent, mais j'ai rendu assez de services à l'humanité pour vouloir et pouvoir garder dans toutes les circonstances la liberté de mes actions. »[26]

Durant les deux mois de la Commune, celle-ci ne trouvera pas de doyen pour la Faculté de médecine, qui reste fermée aux enseignements.

La Commune et les médecins. La Commune a besoin, pour fonctionner et être reconnue comme gouvernement, non seulement de réformer l'administration mais aussi d'assurer les services publics. Considérant que la fuite du doyen et celle des professeurs retardent l'avènement de son organisation sociale et surtout ayant besoin de médecins pour les nombreux blessés, la Commune engage la Faculté dans deux réformes qui vont vite avorter.

La première mission d'Édouard Vaillant, délégué à l'Instruction publique, est de rétablir l'enseignement, interrompu à l'École de médecine le 17 mars. Il décide de reprendre une décision votée le 17 avril, qui consiste à laisser aux médecins, professeurs et étudiants eux-mêmes le soin de réorganiser cet enseignement avec la liberté d'en modifier les structures.

Afin d'engager ces changements, la Commune charge les professeurs et docteurs Dupré, Rambaud et Reclus de mettre en place une réforme de l'enseignement médical[27]. Pour ce faire, il faut nommer une commission représentative du personnel médical. Un appel est lancé dans ce sens. Cette commission doit être composée d'un médecin délégué par arrondissement, de trois délégués élus parmi les professeurs libres et de dix parmi les étudiants. L'ensemble des délégués rédigerait un projet de réorganisation qui serait remis à la commission de l'enseignement puis présenté par elle à la Commune

---

[26] *JMCP*, mai 1871, article 9096, p. 238.

[27] Notice « Dupré (Docteur) », dans Jean Maitron, *Dictionnaire biographique du mouvement ouvrier français* [Ressource électronique, CD Rom] : le Maitron / [Jean Maitron] ; sous la dir. de Claude Pennetier, Paris : Éditions de l'Atelier/Éditions ouvrières, 1997.

pour décision. Chacune de ces trois catégories doit donc se rassembler pour élire ses propres délégués.

> « Les docteurs en médecine et les officiers de santé de chaque arrondissement, exerçant à Paris, sont invités à se réunir samedi prochain, 22 avril, heure de midi, à leurs mairies respectives, à l'effet de nommer deux délégués par arrondissement.
> Les étudiants en médecine inscrits à l'École, les internes et externes des hôpitaux, sont également invités à se réunir samedi prochain, 22 avril, heure de midi, au grand amphithéâtre de l'École afin de nommer dix délégués.
> Les citoyens docteurs Dupré et Rambaud convoqueront leurs collègues, professeurs libres, à une réunion spéciale dans laquelle il sera procédé à l'élection de trois délégués.
> Ces divers mandataires, ainsi désignés, munis de leurs pouvoirs, se réuniront le dimanche suivant, 23 avril, heure de midi, au grand amphithéâtre de l'École de médecine, où ils arrêteront un projet de réorganisation médicale, sous la direction d'un président et de deux assesseurs nommés par l'assemblée. Dans le cas où ils le jugeraient nécessaire, ils composeront une commission de cinq membres, chargés de fixer les bases de ce projet, qui sera ensuite discuté en réunion générale des délégués chargés de la convoquer le plus tôt possible.
> Le projet, ainsi que le procès-verbal résumant les discussions, seront communiqués à la commission de l'enseignement, siégeant à l'hôtel de ville, et présentés par elle en séance générale de la Commune, appelée à statuer définitivement.
> Les citoyens délégués aux mairies sont invités à mettre une salle à la disposition des intéressés.
> Paris, le 17 avril 1871.
> Les membres de la Commune délégués à la commission de l'enseignement. »[28]

Cinq cents élèves et médecins se sont réunis, sous la présidence de Paul Reclus, assisté de Rambaud et Dupré, dans le grand amphithéâtre. Ils se déclarent nettement contre toute ingérence de la Commune dans leurs affaires[29]. Ils refusent, par conséquent, d'élire

---

[28] Appel des membres de la Commune délégués à la commission de l'enseignement du 17 avril 1871, *op. cit.*.

[29] Jean-Paul Martineaud, *La Commune de Paris*, *op. cit.*, p. 71.

leurs délégués « pour ne reconnaître d'aucune manière la Commune »[30]. Quant aux médecins d'arrondissement, ils ne se sont même pas réunis ; pas plus que les professeurs libres[31].

La deuxième réforme n'est qu'un palliatif au manque de personnel soignant. Édouard Vaillant crée, le 21 avril, une commission de l'enseignement composée de Courbet, Verdure, Miot, Vallès, et Clément. À l'assemblée du 27 avril, contre l'avis de Vallès, Miot propose que les étudiants de médecine ayant subi leurs cinq examens de doctorat et qui se trouvent dans l'impossibilité de présenter une thèse, soient autorisés à exercer. Ils auraient le titre de docteur, sur simple production d'un certificat de l'École, à condition de soutenir leur thèse dans un délai d'un an. Réforme d'emblée caduque, puisque les étudiants de médecine, surtout les internes, qui sont logés dans les hôpitaux, exercent déjà leur art dans les ambulances et hôpitaux.

La Commune, pour ne pas se placer en porte-à-faux avec ces derniers, abandonne assez rapidement son projet. Pourtant, le service médical et chirurgical de la Garde nationale est si désorganisé par le manque de personnel que la Commune fait, de nouveau, appel à deux reprises aux étudiants de médecine. Le 28 avril, le chirurgien principal de la 10e légion, le docteur Briguel, leur demande de venir s'inscrire à la mairie du 10e arrondissement. Le 16 mai, le docteur Debeney, chirurgien principal de la 18e légion, leur rappelle qu'un décret de réorganisation les admet dans le service médical au rang de chirurgiens aides-majors pour les titulaires de 16 inscriptions[32]. Or, tous ces appels n'étant pas entendus, la Commune prend la décision de se tourner vers l'Assistance publique des hôpitaux :

> « Le directeur général de l'Assistance publique,
> Considérant qu'un très grand nombre de médecins et autres agents du service médical des hôpitaux et hospices ont abandonné leurs fonctions et déserté leur poste où les appelaient les besoins des malades et des blessés ;
> Considérant qu'il y a lieu de pourvoir à ces vacances, de façon à ce que les malades ne souffrent en aucune façon de ces coupables désertions, et qu'il convient que le directeur de l'Assistance publique s'appuie sur les lumières et l'expérience d'hommes spéciaux, qui soient à la fois pratiques et républicains,
> arrête :

30 Maurice Dommanget, *L'enseignement, l'enfance et la culture sous la Commune*, Paris, Éditions-librairie de l'Étoile, 1964, p. 32.
31 *GHMC*, n° 13, 28 avril 1871, p. 224.
32 Maurice Dommanget, *L'enseignement, l'enfance et la culture*, *op. cit.*, p. 120.

Une commission médicale de trois membres est instituée auprès du directeur de l'Assistance publique, et, sur sa proposition, étudiera, et au besoin inspectera les services, de façon à ce que le directeur, sous les rapports et les présentations qui lui seront proposés, puisse aviser et pourvoir à tous les services en souffrance, et prendre telles mesures qui lui paraîtront justes et convenables ;
Cette commission est composée des citoyens : Regnard, docteur en médecine, ex-interne des hôpitaux ; Gadaud, docteur en médecine ; L. Levraud, docteur en médecine.
Le directeur général, TREILLARD »[33].

La Commune sait en effet qu'elle trouvera les professeurs qu'elle cherche dans les hôpitaux. Car de nombreux professeurs - et surtout professeurs attachés aux hôpitaux - sont restés à Paris tout le temps de la Commune, y compris pendant la Semaine sanglante. Parmi les enseignants en place, on peut noter : Gavarret, Lannelongue, Pajot, Broca, Depaul, Verneuil, Brouardel, etc. Paul Broca demande, dès le début de la Commune, au personnel soignant et administratif des hôpitaux de rester à son poste.

Un petit groupe de professeurs menés par Gavarret décide même de faire cours à l'Hôpital Beaujon. Axenfeld, Gubler et Dolbeau ainsi qu'un agrégé, Duplay, ont inauguré le 1er mai des cours théoriques et pratiques très suivis par les élèves[34]. Ainsi, même si la Faculté est fermée, les enseignements n'ont pas totalement disparu. Ils se sont délocalisés pour être au plus près des blessés.

Médecins communeux. Durant la Commune, quelques médecins font beaucoup parler d'eux. Anciens de la Faculté, ils en ont été souvent expulsés pour opposition à l'Empire. Albert Regnard, élève interne des hôpitaux en 1865, est, durant la Commune, médecin légiste et secrétaire général de la préfecture de Police. Collaborateur du *Journal officiel de la Commune de Paris*, il a fait également partie d'une Commission médicale comprenant les docteurs Gadaud et Léonce Levraud (accusé d'être monté en chaire pour défendre Sée en 1867), adjoint de Treillard, directeur de l'Assistance publique[35].

Charles Victor Jaclard, est aussi un habitué des manifestations politiques des étudiants de la Faculté. Élu adjoint au maire du XVIIIe arrondissement de Paris, Georges Clemenceau – également

---

[33] *Journal officiel – publication de la commune*, 10 mai 1871, Paris, [s. n.], p.521.
[34] A. Linas, « la Faculté vit encore. –les cours de clinique à l'hôpital Beaujon », *GHMC*, n°16, 19 mai 1871, p. 258.
[35] Notice « Léonce Levraud », dans Jean Maitron, *op. cit.*

médecin –, il démissionne avec Clemenceau fin mars 1871. Il s'engage alors dans les bataillons de la Garde nationale. Arrêté en juin 1871 et condamné aux travaux forcés à perpétuité comme Communeux, il s'évade de la prison de Versailles.

Quant à Paul Reclus, autre médecin de la Commune, il est un jeune frère d'Élie et d'Élisée. Depuis le début de l'année scolaire 1870/1871, il est élève interne. Comme Dupré, il ne sera pas condamné après la Commune mais deviendra professeur de chirurgie et sera surtout connu pour avoir mis au point le principe de l'anesthésie locale.

La Commune, la Faculté et l'Académie

L'école de médecine, lieu de rassemblement. Si les cours n'ont pas lieu, le grand amphithéâtre de la Faculté reste comme de coutume un lieu de rassemblement[36]. La seule différence est que l'autorisation du doyen, pour l'occupation du grand amphithéâtre, n'est, du moins après son départ, ni demandée, ni accordée.

L'une des premières réunions qui a lieu dans le grand amphithéâtre de la Faculté est celle du club de l'École de médecine. Ce club a adhéré en bloc à l'Association internationale des travailleurs (AIT) en janvier 1871. Son objectif premier est la résistance contre la Prusse. Le club de l'École de médecine est l'un de ces clubs qui gagnent avec la Commune un pouvoir politique. Aucun nom d'étudiant en médecine ou de médecin ne figure parmi ses membres.

Dans le grand amphithéâtre s'est réunie également, le 13 avril 1871, la Ligue d'union républicaine des droits de Paris, ancien Comité de conciliation[37]. Elle est fondée le 5 avril 1871 pour rechercher une médiation entre Paris et Versailles. Cette ligue n'accepte ni l'Armistice, ni la Commune et joue en vain les médiateurs politiques[38]. Parmi les premiers de cette ligue, outre Charles Floquet, Victor Schoelcher, Jean

---

[36] En effet, on a déjà vu que l'amphithéâtre servait, avec autorisation du doyen, de lieu de réunion non seulement pour les étudiants de médecine et de droit mais aussi pour des ouvriers. Wurtz donnait son accord au Ministre contre le vice-recteur pour des réunions d'étudiants ou d'ouvriers dans le grand amphithéâtre. Voir Natalie Pigeard, *Wurtz doyen de la Faculté de médecine*, thèse de doctorat sous la direction de Bernadette Bensaud-Vincent, Paris X, 2007, chp. « Des hommes et des doctrines ».

[37] Sur la ligue, voir André Lefevre, *Histoire de la ligue d'union républicaine des droits de Paris*, Paris, G. Charpentier, 2003 [1881], 364 p. notamment p. 28, sur le programme de la Ligue d'Union républicaine des droits de Paris.

[38] *Les révolutions du XIXe siècle, 1852-1872, Affiches, feuilles volantes, documents divers*, Paris, Edhis, 1988, n. p. , et William Serman, *La Commune de Paris (1871)*, Paris, Fayard, 1986, p. 234 et suiv., p. 437 et suiv.

Greppo – tous trois proches d'Auguste Scheurer-Kestner[39], issu du laboratoire de Wurtz –, de nombreux membres sont liés à la Faculté de médecine : Charles Lauth, du laboratoire de Wurtz[40], Clemenceau, de l'École de médecine[41], les docteurs Dubois – ancien doyen de l'École de médecine –, Onimus, Villeneuve, Bertillon, Coldereau, Collineau, Dereins, Paul Reclus. La plupart, « non hostiles à la Commune sans l'approuver, et surtout sans la soutenir par quelque action que ce soit, ont pu secourir parfois les fédérés et firent campagne pour l'Amnistie »[42].

À la réunion du 13 avril, la Ligue vote la « Reconnaissance des droits de Paris à se gouverner, à régler, par le conseil librement élu et souverain dans la limite de ses attributions, sa police, ses finances, son assistance publique, son enseignement et l'exercice de la liberté de conscience »[43]. La Ligue avait déjà voté le 5 avril 1871, que la garde de Paris soit exclusivement confiée à la Garde nationale composée de tous les électeurs valides[44]. Autrement dit, cette ligue qui se veut conciliatrice reconnaît implicitement le gouvernement de la Commune, puisqu'elle reconnaît à Paris le droit de se gouverner et d'être défendue par une garde nationale que Thiers combat par une armée dite régulière.

Enfin le 14 avril 1871, lendemain de la réunion de la Ligue, le grand amphithéâtre de la Faculté accueille Gustave Courbet et plus de 400 personnes pour la première réunion de la Commission fédérale des artistes. Cette commission, présidée par Courbet, rassemble quelques grands noms comme Honoré Daumier, Eugène Pottier, Jean-Baptiste Corot, André Gill, etc.

Les Institutions médicales hors du temps. Les locaux de l'École de médecine sont donc loin d'être désertés. Qui organise le planning d'occupation de l'amphithéâtre ? Qui donne l'autorisation de réunion ? Qui ouvre les portes ? Le secrétaire et le gestionnaire de

---

39 Floquet et Scheurer-Kestner sont beaux-frères.

40 Sur la participation de Charles Lauth à la ligue voir AN : 49AP1 « Charles Floquet », notamment les procès verbaux des séances de la Ligue.

41 Pour en savoir plus, voir Jean-Baptiste Duroselle, *Clemenceau*, Paris, Fayard, 1988, p. 109 et suiv. Sur les rapports entre Clemenceau et Grimaux voir Claude Viel, Marie-Christine Journaux et Michel Marché, « Un pharmacien Rochefortais célèbre, Édouard Grimaux, Membre de l'Académie des sciences », *Roccafortis*, 3e série, t. III, n°19, janv. 1977, p. 126-138. [En ligne] http://seucaj.ifrance.com/grimaux.htm, consulté le 20 novembre 2006.

42 « Ligue d'union républicaine des droits de Paris, comité du 6e arrondissement », reproduite dans *Les révolutions du XIXe siècle*, Paris, Edhis, 1988, non paginé.

43 *Idem.*

44 André Lefevre, *Histoire de la ligue d'union républicaine*, *op. cit.*, p. 28.

l'École, le doyen et ses assesseurs ont quitté Paris dès le début. Pourtant, on l'a dit, les professeurs ne sont pas tous partis à Versailles : ceux qui sont aussi académiciens répondent présents à l'Académie de médecine. Sur les vingt-neuf professeurs en chaire, vingt-trois sont académiciens. Parmi eux, une dizaine se déplace chaque semaine de mars et d'avril pour se rendre rue des Saints-Pères. Certains ne se présentent que très peu aux séances, préférant troquer l'habit d'académicien pour celui de médecin ou chirurgien.

En effet, les académiciens se réunissent toujours. Exception faite pour la Semaine sanglante, les séances de l'Académie de médecine se sont tenues toutes les semaines comme si de rien n'était durant tout le Siège et la Commune de Paris, c'est-à-dire de septembre 1870 à juin 1871. Si leurs préoccupations durant le Siège ont été tournées presque exclusivement vers des problèmes qui lui étaient relatifs (nourriture, hygiène, crémation des corps…), durant la Commune, les communications scientifiques semblent s'éloigner en général du contexte politique.

Une séance de l'Académie de médecine n'a pas eu lieu, celle du mardi 23 mai 1871. « En raison des graves événements qui avaient lieu ce jour-là, l'Académie n'a pu tenir sa séance. »[45] La Semaine sanglante a déjà commencé, aucun académicien sauf le docteur Gaultier de Claubry, qui est le seul à avoir signé la feuille de présence, ne prend alors le risque de traverser Paris. La semaine suivante, le 30 mai, les académiciens sont là sous la présidence de Wurtz revenu dès que possible de Versailles.

La fin de la Commune. Aux premiers jours de juin 1871, suite à la Semaine sanglante, le gouvernement de la Commune n'existe plus. Du côté des dégâts matériels qu'auraient pu occasionner les combats, l'école n'a que très peu souffert. Un commencement d'incendie a éclaté dans un laboratoire à la suite d'une chute de deux bocaux de matière inflammable. Les murs ont souffert de quelques éclats d'obus[46]. Le *Journal de médecine et de chirurgie* célèbre la fin de la Commune et les représailles versaillaises. Le rapport de la communauté médicale est unanime : les médecins restés à Paris ont tout simplement respecté leur serment. Ils ont soigné tous les blessés Communeux ou Versaillais. Durant la Semaine sanglante, plusieurs témoignent avoir caché des Communeux face à la répression sanglante de Versailles, qui n'hésite pas à entrer dans les hôpitaux pour achever

---

45 *Bulletin de l'Académie de médecine*, séance du 23 mai 1871, t. 36, Paris, J.-B. Baillière, 1871, p. 305.

46 Maurice Dommanget, *L'enseignement, l'enfance et la culture*, *op. cit.*, p. 120.

les blessés[47]. Un seul professeur est accusé d'avoir, devant la crainte des représailles, dénoncé un Communeux. Que ce soit vrai ou non, il en fut blâmé durant plusieurs années par l'ensemble de la communauté médicale et essuya, à la reprise des cours, de violentes manifestations pour ne pas avoir respecté le caractère d'hôte d'un blessé. La Commune n'est plus ; « Nos Facultés, nos écoles, nos cours se rouvrent de toutes parts devant des auditeurs avides d'instruction »[48].

Le 30 mai, Wurtz retrouve son poste de doyen, ses laboratoires, ses élèves et son siège de président de l'Académie de médecine, s'excusant de son absence, qu'il justifie par l'obéissance à un ordre du gouvernement. À la Faculté, c'est le 12 juin que les cours reprendront, et ce jusqu'au 15 août 1871. Les examens se dérouleront jusqu'au 31 août. Au mois d'août, la célèbre cérémonie de fin d'année a bien lieu, avec la distribution des prix et récompenses pour les années universitaires 1869/1870 et 1870/1871.

Tout semble reprendre son cours normal.

Si la Commune de Paris n'a eu de cesse de faire appel aux médecins et à la Faculté de médecine, il semble qu'elle se soit totalement désintéressée de l'Académie de médecine. Ce qui a été réciproque comme nous l'avons vu. La légende veut que Charcot, parlant des « événements que l'on sait », raconte faire son chemin tous les matins vers l'hôpital, indifférent à d'éventuels projectiles autant qu'à « cette folie collective »[49].

Dans la publication de la liste dénonciatrice des participants de la Commune de Georges d'Helly, on peut relever la présence de 244 médecins ou chirurgiens. Parmi eux, certains, comme Piorry, s'élèvent contre leur présence dans cette liste. Pour eux, ils n'ont fait que leur devoir en restant sur Paris durant la Commune, comme durant le Siège. Pour la Faculté, pas de grand changement non plus entre sa situation durant le Siège et durant la Commune : les cours s'exilent dans les hôpitaux, les examens annulés, l'école pratique fermée et le grand amphithéâtre occupé.

Certaines réformes médicales du gouvernement de la Commune ont été reprises et décrétées bien après, comme la laïcisation des

---

47 Voir par exemple le massacre à l'hôpital Saint-Martin et celui du séminaire Saint-Sulpice où le docteur Faneau et 80 blessés qu'il soignait furent exécutés d'une balle dans la tête. Jean-Paul Martineaud, *La Commune de Paris*, *op. cit.*, p. 234-238, 266-267.

48 *JMCP*, juin 1871, article 9097, p. 241.

49 Catherine Glazer, « De la Commune comme maladie mentale », *Romantisme*, 1985, n°48, p. 63.

hôpitaux. L'enseignement de la Faculté de médecine a lui aussi souvent changé mais jamais la communauté médicale n'a retrouvé l'opportunité que lui avait offerte la Commune, et qu'elle a refusée, de choisir ces changements par un vote démocratique, avec l'ensemble des concernés, qu'ils soient médecins libéraux, étudiants ou professeurs.

En conclusion, si les médecins sont restés à Paris et ont continué, de manière souvent exemplaire, à assurer les soins aux blessés et malades, les institutions médicales comme la Faculté et l'Académie ont vécu les événements de la Commune comme étrangers à leurs préoccupations. La plupart des académiciens, professeur de la Faculté ont, comme Gavarret, Behier, Laugier, Gosselin, Longet, tout simplement oublié l'Académie de médecine durant deux mois pour se consacrer aux hôpitaux ; d'autres comme Wurtz, Denonvillier, sont partis pour Versailles ; enfin certain comme Broca et Robin, sont restés durant ces deux mois, à la fois académiciens et médecins[50].

[50] Archives de l'Académie de médecine, registre des présences de 1871.

La révolution d'Indépendance et la naissance d'une politique scientifique au Mexique

Juan José Saldaña
Professeur de l'Université nationale autonome de Mexico
Saldana arobase unam.mx

(Traduction d'Anne-Marie Paubel)

C'est seulement au cours des trente dernières années que l'historiographie de la science au Mexique a réussi à dépasser le positivisme des époques antérieures et créer des concepts aptes à donner sens et poids aux sources locales de sorte qu'elle contribue ainsi, en même temps, à la compréhension du système scientifique international[1]. Pour cela, il était important de comprendre que la pratique de la science répond à des déterminants sociaux régionaux,

---

[1] Juan José Saldaña, « Marcos conceptuales de la historia de las ciencias en Latinoamérica : positivismo y economicismo », dans Juan José Saldaña (ed.), *El perfil de la ciencia en América,* Colección Cuadernos de Quipu número 1, México, Sociedad latinoamericana de historia de las ciencias y la tecnología, 1986, p. 57-80.

parmi lesquels la politique[2]. Cet article offre une présentation succincte du rôle joué par la révolution d'Indépendance sur la dynamique scientifique du Mexique[3].

La science au service de la Révolution et vice-et-versa ?

Les processus d'émancipation politique des nations latino-américaines se consolidèrent entre 1810 et 1824. Dans la plupart des cas, cette émancipation fut l'aboutissement d'une guerre plus ou moins longue et sanglante contre l'Espagne. Dans le cas de la Nouvelle Espagne, parmi les nombreux facteurs de déclenchement, certains étaient historiques, comme l'ensemble des injustices dont l'Espagne s'était rendue coupable aux dépens de la population blanche d'origine européenne installée depuis longtemps dans la colonie, ainsi qu'envers les populations métisse et indigène. Les projets qu'un secteur de l'élite éclairée imaginait, où la science et la technique modernes permettraient d'atteindre « le bonheur public » dans une patrie indépendante, jouèrent aussi un rôle significatif. Une fois l'Indépendance obtenue en 1821, l'éducation scientifique et la science passèrent du domaine privé au domaine public, concrétisation d'un projet de « science nationale » fondée sur la science moderne.

La dynamique historique. Les historiens s'accordent sur une liste de facteurs historiques essentiels à l'indépendance : la politique européenne de l'Espagne, qui mena à une série de guerres dont le poids reposait largement sur ses colonies, moyennant des impôts et l'obligation de prêts ; le ressentiment d'une élite *criolla* – c'est-à-dire issue des premiers colons – de plus en plus nombreuse et de mieux en mieux formée, qui souffrait d'être systématiquement tenue à l'écart de l'administration de la vice-royauté, de la magistrature, de l'armée, des charges ecclésiastiques et des nouvelles institutions scientifiques ; la crise générale de l'économie et l'existence d'un ordre social, juridique et politique caduc, qui reposait sur les nombreuses couches pauvres et la dualité entre *criollos* et *gachupines* privilégiés – ces derniers étant des nouveaux venus en Amérique, envoyés depuis la métropole – ; la

2 Sur l'état de l'histoire sociale des sciences en Amérique latine, cf. Juan José Saldaña (éd.), *Science in Latin America. A History*, Austin, University of Texas Press, 2006.

3 Pour une étude plus approfondie à l'échelle des trois principales révolutions politiques qu'a connues le Mexique, voir Juan José Saldaña, *Las revoluciones políticas y la ciencia en México*, t. 1, *Ciencia y política en México en la época de la Independencia* et t. 2, *Ciencia y política en México de la Reforma a la Revolución Mexicana*, Mexico, CONACYT, 2010.

persistance d'un système de corporations qui gênait le développement d'une industrie moderne ; une propriété ecclésiastique fondée sur la mainmorte ainsi que la présence de grandes haciendas ; l'interdiction d'une production industrielle locale ; le malaise social qui se manifestait de multiples façons parmi les paysans, les indigènes, et les nombreux salariés mal payés des mines, de l'industrie textile, sucrière, etc. ; la crise que traversait l'Église de la Nouvelle Espagne, en raison des intérêts contraires du haut et du bas clergé, entre autres[4].

En Nouvelle Espagne, la société était encore traditionnelle, et c'est un enseignement basé sur la scolastique, dispensé dans des institutions religieuses obsolètes, qui prédominait. La Couronne avait encouragé quelques tentatives de modernisation scientifique, dans le but de contrôler et d'exploiter la colonie de manière plus efficace. C'était le cas des sciences applicables aux mines et à la botanique (pour l'exportation de l'argent et des plantes médicinales et à usage industriel), ce qui limitait considérablement leur effet modernisateur sur la société. L'une de leurs caractéristiques était l'autoritarisme avec lequel on imposait des théories, comme le système de taxinomie de Linné en botanique[5], ou la méthode de Born pour la métallurgie[6], dans un pays qui possédait sa propre tradition dans ces domaines. En outre, la nomination exclusive d'Espagnols dans les institutions scientifiques provoquait le mécontentement de l'élite intellectuelle *criolla*, qui réclamait ces charges pour elle-même ; les mineurs eux aussi s'opposaient aux innovations que l'on introduisait dans l'industrie[7]. Ces facteurs, associés à ceux mentionnés plus haut, provoquèrent une tension sociale qui suscita, à plus ou moins grande échelle, la participation de toute la société au processus de rupture politique avec l'Espagne qui commença en 1808.

Le 19 juillet 1808, suite à l'abdication de la famille royale, qui renonçait à ses droits à la couronne d'Espagne au bénéfice de Napoléon Bonaparte, et au vu des nombreux torts dont le gouvernement espagnol s'était rendu coupable auprès des Américains, la Municipalité de la ville de Mexico soutint, avec des arguments légaux, qu'en l'absence du Roi,

---

4 Isabel Olmos Sánchez, *La sociedad mexicana en vísperas de la Independencia (1787-1821)*, Murcia, Université de Murcia, 1989.

5 Xavier Lozoya, *Plantas y luces en México. La Real Expedición Científica a Nueva España (18787-1803)*, Madrid, Ediciones del Serbal, 1984.

6 Juan José Saldaña, « The Failed search of "Useful Knowledge": Elightened Scientific and Technological Policies in New Spain », *Cross Cultural Diffusion of Science: Latin America,* Colección Cuadernos de Quipu 2, Mexico, Sociedad latinoamericana de historia de las ciencias y la tecnología, 1987, p. 33-58.

7 David Brading, *Mineros y comerciantes en el México borbónico (1763-1810)*, Mexico, Fondo de Cultura Económica, 1975; José Joaquin Izquierdo, *La primera casa de las ciencias en México. El Real Seminario de Minería (1792-1811)*, Mexico, Ediciones Ciencia, 1958.

la souveraineté revenait au peuple. Cette déclaration revenait à proclamer l'indépendance, en conséquence de quoi on proposa au Vice-roi la création d'une Assemblée gouvernementale pour la Nouvelle Espagne, qui resterait sous sa présidence. Face à cette initiative audacieuse, les Espagnols résidant à Mexico et voyant là une menace pour leurs privilèges, réagirent, avec d'autres autorités locales, pour désavouer le Vice-roi et jeter en prison les auteurs de la proclamation faite par la Municipalité. Il s'agissait d'un coup d'État qui créait une rupture avec la légalité existante et ouvrait la voie à d'autres moyens d'obtenir l'indépendance.

Des conspirations contre le pouvoir furent fomentées en 1809 et 1810. Celle de 1810 mena à un soulèvement armé, sous la houlette du prêtre Miguel Hidalgo et d'un groupe de patriotes, le 16 septembre de la même année, dans le village de Dolores, dans l'État actuel de Guanajuato. De nombreux paysans, artisans, et gens du peuple, ainsi qu'un petit bataillon de l'armée, se joignirent à cette insurrection. En quelques semaines, les insurgés consolidèrent leurs positions et obtinrent leurs premières victoires militaires, parvenant même à constituer une menace pour la ville de Mexico. Dans le centre du pays, l'autorité militaire et politique (avec, par exemple, l'abolition de l'esclavage, la désignation des autorités, le pouvoir de frapper monnaie et la construction de canons) resta aux mains des insurgés.

Bien que le mouvement indépendantiste perdît au bout de quelques mois de lutte ses principaux dirigeants, arrêtés et fusillés, cela n'aboutit pas à son extinction, car d'autres soulèvements d'insurgés eurent lieu en divers points du territoire. Le 6 novembre 1813 fut proclamée la Déclaration d'Indépendance et, en octobre 1814, un congrès réuni à Apatzingan rédigea la première constitution du Mexique ou « Amérique septentrionale », comme on le nomma initialement. Cependant, la supériorité de l'armée espagnole parvint à faire reculer les insurgés durant presque une décennie, sans réussir toutefois à pacifier complètement le pays. L'indépendance par rapport à l'Espagne fut obtenue en 1821. Pour y parvenir, il fallut une habile négociation politique entre les anciens rebelles et les *criollos*, qui représentaient les secteurs économiques et politiques dominants, pour lesquels l'indépendance était préférable au régime libéral instauré en Espagne l'année précédente, lequel avait obligé le Roi à accepter une monarchie constitutionnelle.

La dynamique intellectuelle et politique. De plus, la société de la Nouvelle Espagne manifestait un certain dynamisme social et culturel, expression de son développement propre. Celui-ci était visible dans l'économie, qui avait pour principal moteur le marché interne, diversifié et croissant (comme les ressources minières, par exemple). Depuis la seconde moitié du XVIIIe siècle, pour un secteur de l'élite *criolla*, il était évident que la science et la technique modernes étaient appelées à jouer un rôle fondamental dans la structuration de la société. Par conséquent, de par son influence sur la conformation de l'idéologie du progrès, propre à la modernité du monde occidental[8], la science donnait un aperçu de ce que devrait être la nouvelle société.

Parmi les premiers projets conçus par les *criollos* pour mener une exploitation rationnelle et systématique de la richesse minière du pays grâce à l'emploi de la science et de la technique, figure celui qui fut proposé par le *criollo* Francisco Xavier Gamboa. En 1761, il publia un « Comentario general y comprehensivo » [Commentaire général et complet] sur les règlements miniers qui étaient appliqués à cette industrie[9], en les analysant du point de vue technologique, juridique et économique. Les propositions qu'il fit ne furent pas appliquées mais elles influencèrent les plans de réformes que le gouvernement mit en œuvre plus tard pour rentabiliser l'activité minière.

En 1774, Juan Lucas Lassaga et le professeur de mathématiques Joaquin Velazquez de Leon, *criollos* eux aussi, adressèrent au Roi un mémoire sur le secteur minier avec un ensemble de propositions pour le réformer[10]. Mais, après avoir constaté que cette activité était menée par ce qu'ils appelaient « une pratique aveugle et dénuée de tout principe scientifique » qu'on apprenait « par imitation »[11], ils conçurent une école où enseigner les sciences modernes appliquées aux travaux de la mine et de la métallurgie. Dans le programme d'études présenté au Roi, ils mentionnent la physique expérimentale, les mathématiques modernes et la chimie, entre autres, comme disciplines nécessaires à la formation des futurs ingénieurs des mines. Ils indiquent également que l'enseignement devra être tout autant pratique que théorique. Autre proposition très importante : « quelques étudiants pourront se consacrer exclusivement aux sciences mathématiques… »[12].

---

8 Charles C. Griffin, « The Enlightenment and the Latin American Independence », dans Robert A. Humphreys and John Lynch (éd.), *The Origins of Latin American Revolutions 1808-1826*, New York, Alfred A. Knopf, 1965, p. 51.

9 Francisco Xavier de Gamboa, *Comentarios a las Ordenanzas de Minería,* édition fac-similé, Mexico, Casa de la Moneda, 1986 ; voir également l'étude en introduction de l'ouvrage : Elias Trabulse, « Francisco Xavier Gamboa y sus *Comentarios a las Ordenanzas de Minas* de 1761 », p. 19-52.

10 Juan Lucas Lassaga et Joaquin Velazquez de Léon, *Representación que a nombre de la Minería de esta Nueva España…*, édition fac-similé, Mexico, Sociedad de Ex-Alumnos de la Facultad de Ingeniería, 1979.

11 *Idem*, p. 37-38.

12 *Idem*, p. 68.

Ces idées menèrent à la création, en 1792, du Séminaire Royal des Mines, ou École des Mines, partie prenante du projet de réforme économique de la Couronne. Dans cette institution, on enseignait, pour la première fois au Mexique, les sciences modernes. Malheureusement, la proposition de former des individus qui se consacrent uniquement à l'étude des sciences fut ignorée. L'École joua un rôle important pour la diffusion de l'idéal des Lumières parmi divers secteurs de la société, car les cours étaient suivis non seulement par les fils de mineurs, comme on l'avait prévu à l'origine, mais aussi, vu son prestige, « de nombreux sujets de premier ordre de cette grande ville et de tout le Royaume ont demandé à y placer leurs enfants, de préférence à d'autres collèges, pour leur offrir une bonne éducation, et l'enseignement des sciences que l'on y donne »[13].

C'est à la même époque qu'apparut l'intérêt pour la diffusion dans la presse des sciences et de ce que l'on appelait « les arts utiles ». Le premier journal vraiment scientifique fut le *Journal Littéraire du Mexique*, publié à Mexico par José Antonio Alzate en 1768, où il rendait compte, par exemple, de la machine à vapeur et de ses possibles utilisations. Ce *criollo*, homme de science curieux, s'attela à une tâche énorme de vulgarisation pendant trente ans, publiant les *Asuntos varios sobre ciencias y artes* [Considérations diverses sur les sciences et les arts] (1772-1773), les *Observaciones sobre la física, historia natural y artes útiles* [Observations sur la physique, l'histoire naturelle et les arts utiles] (1787-1788) et les *Gacetas de Literatura de México* [Gazettes de Littérature du Mexique] (1788-1795), dont la vocation était clairement encyclopédique puisqu'ils abordaient l'astronomie, la physique, la géographie, l'archéologie, les biographies des hommes de science, la médecine, l'histoire naturelle, l'agriculture, les machines et les inventions, l'activité minière, la géologie, la sismologie, etc.

Signalons aussi le *Mercurio Volante, con noticias importantes y curiosas sobre física y medicina* [Mercure volant, avec des informations importantes et curieuses/des curiosités sur la physique et la médecine], de José Ignacio Bartolache (1772-1773) et *Advertencias y reflexiones vaias conducentes al buen uso de los reloxes grandes y pequeños y su regulación. Papeles periódicos* [Avertissements et réflexions diverses permettant le bon usage des grandes et petites horloges et leur réglage. Parutions périodiques], publié par Diego de Guadalajara en 1777, consacré à la chronométrie et à la fabrication d'instruments. À partir de ces antécédents, et en bénéficiant d'un public de plus en plus étendu, le journalisme

---

[13] Santiago Ramirez, *Datos para la Historia del Colegio de Minería*, édition fac-similé de l'originale de 1890, Mexico, SEFI, 1982, p. 208 ; sur l'enseignement des sciences au Séminaire des Mines, cf. Juan José Izquierdo, *op. cit.*, chap. IV-XI.

scientifique et technique se développa et s'étendit rapidement dans les principales grandes villes du pays, ce qui assit l'idée que la science était d'une grande utilité pour la société.

Révolution et militarisation de la science. En 1808, le Jury et le Séminaire des Mines proposèrent au Vice-roi, par la voix de son directeur, le minéralogiste espagnol Fausto de Elhuyar, la construction de cent canons et l'incorporation des étudiants de l'école dans l'armée en qualité d'ingénieurs, en raison de leurs connaissances en mathématiques, physique et chimie métallurgique[14]. Les canons furent construits dans la fonderie du sculpteur espagnol Manuel Tolsa « sans regarder à la dépense »[15], et ils servirent pour la défense de la capitale en 1810 face à la menace d'occupation que faisaient peser les forces insurgées. Pendant les dix années que dura la guerre, l'école prit le parti du régime colonial[16], bien que son fonctionnement fût affecté par la guerre qui touchait les intérêts économiques des mineurs – ceux-là même qui la contrôlaient.

De son côté, le mouvement révolutionnaire était, à ses débuts, dépourvu d'armes pour mener ses actions, en dehors de quelques lances et machettes, outre quelque armement du régiment du colonel Ignacio Allende, qui avait rejoint l'insurrection. Au cours du procès engagé le 10 mai 1811 suite à sa capture par les troupes royalistes, Allende signala que les préparatifs proprement militaires avaient été réduits et « que les armes étaient en si petite quantité, et si grand le délai pour leur fabrication, » qu'« il pense qu'il n'y avait pas une douzaine de lances fabriquées... »[17]. De plus, le fait est que « ces quelques jours ne pouvaient être mis à profit sans fonds ni outils pour fabriquer des

---

[14] Rapport de Elhuyar au Vice-Roi Iturrigaray du 28 juillet 1808, Archivo Histórico del Palacio de Minería, Exp. 1808-III, 143, d3.

[15] Carlos Maria de Bustamante, *Cuadro Histórico de la Revolución Mexicana*, édition fac-similé de celle de 1848, t. 1, Mexico, Fondo de Cultura Económica, p. 76 ; sur le coût de la fabrication des canons, cf. : « Libro de cajas de cuentas de cargo y data pertenecientes a la ejecución de cañones de campaña... », 9 mars 1814, Archivo Histórico del Palacio de Minería, Exp.1808-III/143 d3.

[16] En 1807, l'école réussit à faire fonctionner une forge à Coalcomán (la première qui exista dans le pays), pour fournir l'armée et les mines en fer et en acier. Son créateur fut le professeur Andrés Manuel Del Rio, qui compta pour cela sur la collaboration de plusieurs étudiants. Cf. : « Discurso sobre la ferrería de Coalcomán, leído en los actos de Minería por D. Andrés del Río », *Suplemento al Diario de México*, 18 mars 1810, n° 1629, t. XII.

[17] « Causa instruida contra el generalísimo D. Ignacio Allende », dans Genaro Garcia, *Documentos históricos mexicanos*, t. VII, Mexico, Museo Nacional de Arqueología, Historia y Etnología, 1910, p. 21.

armes »[18]. C'est un petit groupe de jeunes diplômés de l'École des Mines[19], qui travaillaient comme ingénieurs dans les mines de Guanajuato, qui construisirent les armes et les canons dont avaient besoin les insurgés, en employant pour cela du fer obtenu à la forge de Coalcomán. Lorsque la ville de Guanajuato fut prise par l'armée loyaliste, ses défenseurs, parmi lesquels se trouvaient ces ingénieurs des mines, furent pendus ou décapités. Les deux camps mirent les connaissances scientifiques et techniques acquises à l'École des Mines au service de la guerre.

Malgré l'orientation antirévolutionnaire qu'adopta la principale institution scientifique qui existait dans le pays, l'esprit patriotique ne manqua pas de souffler chez certains de ses membres. En 1821, les élèves Joaquin Velazquez de Leon et Miguel Mateos quittèrent le collège pour rejoindre la lutte pour l'indépendance[20]. Et la figure la plus éminente du séminaire, le professeur espagnol Andrés Manuel del Río, installé dans le pays depuis presque trente ans et découvreur de l'élément chimique « Vanadium »[21], manifesta constamment et ouvertement sa sympathie à l'égard de la lutte indépendantiste, de même qu'il inculquait à ses élèves que la liberté créerait les meilleures conditions pour développer la science. En 1820, il fut élu député du Mexique aux Cortes de Cadix, en raison de la restauration libérale qui avait lieu en Espagne, et il y défendit la cause de l'Indépendance, en compagnie d'autres scientifiques et de quelques diplômés de l'École des Mines qui intervenaient également en tant que députés. À la veille de l'Indépendance, Del Río écrivait au minéralogiste français René-Just Haüy en lui exprimant sa confiance dans l'avenir scientifique proche du Mexique : « en temps de servitude, nos Lumières avaient du retard par rapport à celles de l'Europe ; mais heureusement nous allons vite combler cet écart maintenant. »[22]

Dans un ouvrage de botanique en 1824, Pablo de la Llave et Juan José de Lejarza exprimèrent la même conviction que la liberté conduirait la science à devenir un facteur de gouvernance du nouvel

---

18 *Ibid.*, p. 33.

19 Parmi eux se trouvaient les anciens étudiants de l'École des Mines Casimiro Chovell, Mariano Jimenez, Rafael Davalos et Ramon Fabié.

20 Ramirez, *Datos para la historia del Colegio de Minería*, Mexico, SEFI, 1982, p. 247.

21 Nommé par lui « Eritronio ». Sur la découverte de l'élément n°23 et les circonstances pour lesquelles on ne reconnut pas cette découverte à Del Río, cf. Raul Rubinovich, « Andrés Manuel del Río y sus Elementos de Oritognosia de 1795-1805 », dans Andrés Manuel del Rio, *Elementos de Oritognosia. 1795-1805*, édition fac-similé, Mexico, Universidad Nacional Autónoma de México, 1992, p. 20-29.

22 « Carta dirigida al señor Abate Haüy… por Don Andrés Manuel del Río… », *Semanario político y literario*, 20 décembre 1820 et 10 janvier 1821.

État. La *Description de nouvelles plantes*[23] inclut une dédicace significative aux héros de l'Indépendance, ainsi que la désignation des nouvelles espèces qu'ils avaient identifiées par les noms de ces héros. Dans leur préface, ils défendent cette pratique inhabituelle en déclarant qu'il faut utiliser pour les nouvelles espèces végétales les noms des « dirigeants immortels de notre nation, bien qu'ils n'aient pas reçu d'enseignement sur la connaissance des plantes », car « il ne semble pas qu'il faille tenir à l'écart ceux qui, captivés et animés par l'amour de la vérité, cultivent les sciences, ou poussent avec sympathie et humanité à les cultiver. » Ceux qui, au niveau national, soutiennent le développement des sciences, et l'État lui-même, jouent un rôle essentiel, décisif pour les sciences. C'est pourquoi ils écrivent :

> « Qui ne voit que les actions incroyables de nos hommes… sont liées au développement des bons arts [buenas artes] ? Qui est trop ignorant pour ne pas se rendre compte des bénéfices futurs qu'apportera la liberté dans l'étude des sciences naturelles, liberté qu'ils ont préparée pour nous… »

La révolution impulse une nouvelle dynamique scientifique

La dynamique historique. Lorsque la révolution triompha, en septembre 1821, un gouvernement provisoire fut mis en place, ainsi qu'un congrès pour élaborer la constitution du pays. En mai 1822, grâce à un coup d'État, Agustin de Iturbide se proclama Empereur du Mexique. Iturbide était un militaire *criollo* qui avait été le principal artisan de l'accord politique ayant mené à l'Indépendance. Dès mars 1823, il ne pouvait plus compter sur le consensus politique qu'il avait obtenu jusque-là, et un soulèvement armé qui réclamait le rétablissement du congrès précipita sa chute. Le nouveau congrès constituant s'appuyait sur un nouvel accord politique et, sous l'influence des idées républicaines, il approuva, en 1824, une constitution fédérale, fondée sur un régime présidentiel et des États souverains. Le premier président constitutionnel de la République fut l'ancien révolutionnaire Guadalupe Victoria, qui gouverna pendant quatre ans. L'économie du pays était alors très affectée par dix années de guerre désastreuses, et pour améliorer la situation, deux emprunts furent souscrits auprès de l'Angleterre. À partir de l'élection du président Vicente Guerrero, un vieux révolutionnaire d'origine métisse et très apprécié par le peuple, la

[23] Pauli de la Llave et Ioanis Lexarga, *Novorum Vegetabilium Descriptiones*, Mexici, Apud Martinum Riveram, MDCCCXXIV.

situation politique devint instable, et la crise s'aggrava encore à cause de la dette publique. Guerrero dut affronter ses ennemis de l'intérieur et une expédition espagnole de reconquête qu'il réussit à repousser. En 1829, Guerrero fut écarté du pouvoir par un soulèvement emmené par le Vice-président Anastasio Bustamante. Celui-ci gouverna en favorisant l'aristocratie conservatrice et en réduisant le pouvoir des États au profit du gouvernement central. À son tour, Bustamante fut écarté du pouvoir fin 1832, sous la pression qu'exercèrent des soulèvements armés de divers États qui demandaient un retour au fédéralisme. Au début de l'année 1833, un nouveau gouvernement fut élu, avec Antonio Lopez de Santa Anna comme Président et le médecin Valentin Gomez Farias comme Vice-président. Celui-ci dirigea le gouvernement une partie de cette année-là et les premiers mois de l'année suivante, période durant laquelle il mit en œuvre un ensemble de réformes économiques et sociales radicales (comme la confiscation des biens de l'Église), réclamées par ceux que l'on appelait maintenant les « libéraux ».

La définition d'une politique scientifique publique. Au moment où la révolution triompha, ce ne sont pas seulement les questions liées à l'organisation du nouvel État qui agitaient les esprits dans la société mexicaine, mais aussi tout ce qui concernait la façon d'organiser la science dans le pays, ainsi que la définition de ses objectifs cognitifs et politiques. Entre 1821 et 1833, on débattit de plus d'une dizaine de projets et certains furent mis en pratique.

Au début, le débat consistait à savoir si la science devait être orientée par un programme politique monarchique ou républicain. En 1822, Tadeo Ortiz de Ayala et Juan Wenceslao Barquera[24] proposèrent une organisation de la science conforme au régime monarchique. Le premier imagine la construction d'un quartier dans la ville de Mexico pour glorifier l'Empire, avec un ensemble d'institutions telles qu'une université, un cabinet d'histoire naturelle, un laboratoire de chimie, un observatoire d'astronomie et une académie de tous les arts. Le deuxième encouragea la création de sociétés patriotiques pour stimuler le développement de « tout genre de connaissances utiles ». Ces deux auteurs, en phase avec la vie politique du moment, proposèrent une science qui était soit un élément de prestige pour l'empire, soit un

---

24 Tadeo Ortiz de Ayala, *México considerado como nación independiente y libre*, édition fac-similé, Mexico, Instituto de Estudios Históricos de la Revolución Mexicana, 1987 ; Juan Wenceslao Barquera, *Lecciones de política y derecho público para la instrucción del pueblo mexicano*, facsimilé, Mexico, UNAM, 1991.

plan d'éducation et de promotion des sciences pris en main par des particuliers.

Une vision républicaine de la science apparut en 1822 avec la proposition de deux députés, les médecins José Miguel Muñoz et Valentin Gomez Farias, d'abolir les institutions médicales de la période coloniale (le Protomedicato[25]) et la manière d'enseigner la médecine, en lui substituant un enseignement unifié pour les médecins, chirurgiens et pharmaciens, à la charge de l'État. En 1823, Muñoz écrivit un ouvrage pour défendre cette proposition contre les attaques de ceux qui agissent « guidés par l'égoïsme, le désir de commander et l'erreur »[26]. Francisco Severo Maldonado, ancien insurgé, proposa en 1823, lui aussi dans une perspective républicaine, la création d'un Institut mexicain constitué d'un groupe de savants qui se consacrerait au développement des sciences, ainsi qu'à la création d'observatoires, de cabinets d'histoire naturelle, de bibliothèques, etc., à la charge de la République, car la science et ses applications sont indispensables à la société[27].

Dans le domaine étatique, Lucas Alaman, ancien élève de l'École des Mines et ministre du gouvernement, proposa en 1823 au Congrès Constituant que le nouvel État envisage un plan général « qui concerne toutes les sciences et qui facilite l'acquisition des connaissances nécessaires à la protection de la société, ou utiles à sa prospérité et son prestige »[28]. Quelques mois plus tard, dans l'exposé des motifs, les auteurs de la Constitution de 1824 déclaraient que « les Lumières sont à l'origine de tout bien individuel et social », pour ensuite affirmer, en citant Newton, Franklin, Rousseau et Montesquieu, qu'ils souhaitaient offrir au pays un ordre politique rationnel semblable à celui que la science avait établi. Dans son article 50, la constitution contient une série de dispositions qui créent des obligations pour l'État en matière d'éducation, de science et technologie, parmi lesquelles l'installation d'écoles militaires et d'ingénieurs, la création d'instituts scientifiques dans les États, la reconnaissance pour les auteurs de droits exclusifs pour l'usufruit de leurs œuvres, etc.

25 Jury formé par les médecins du roi et les examinateurs, qui déclaraient les candidats aptes à devenir médecins et leur accordaient l'autorisation d'exercer la médecine.

26 José Miguel Muñoz, *Memoria Histórica en la que se refieren el origen, progresos y el estado de brillantez actual de la ciencia del hombre físico entre los extranjeros, y el empirismo con que se ejerce entre nosotros por falta de colegios especiales donde se estudie teórica y prácticamente*, Mexico, 1823.

27 Francisco Severo Maldonado, *Contrato de Asociación para la República de los Estados Unidos de Anáhuac por un ciudadano del Estado de Jalisco*, Guadalajara, 1823. Cf. le chp. IV : « De la Instrucción Nacional ».

28 *Memoria que el Secretario de Estado y de Despacho de Relaciones Exteriores é Interiores presenta al Soberano Congreso Constituyente…*, Mexico, 1823, p. 36.

En s'appuyant sur ces idées et sur les espoirs qu'ils mettaient dans l'Indépendance, les membres les plus éminents de la communauté scientifique, comme Andrés Manuel del Río, José Manuel Cotero, Lucas Aleman et d'autres, prirent en 1826 l'initiative de créer l'Institut des Sciences, Lettres et Arts, selon le modèle de l'Institut de France[29]. Cette initiative reçut l'approbation de l'État, qui lui offrit une subvention annuelle, bien que cela ne pût se réaliser à cause de la crise économique que commença à connaître le pays cette année-là. En fait, l'institut fut conçu comme une institution privée qui fonctionnerait grâce aux apports financiers de ses membres, car l'État le reconnaissait d'utilité publique mais sans établir de lien contraignant avec lui. On continua à considérer l'institut comme un établissement privé, de même que les institutions qui avaient existé jusqu'alors, comme l'École des Mines et l'Université coloniale. La nécessité d'une politique étatique en matière scientifique commençait à se faire sentir, politique qui envisagerait la science comme une activité à caractère public et avec une vision moderne.

Cette nouvelle conception apparut comme partie intégrante de l'évolution que suivirent les événements politiques. En 1833, le gouvernement républicain et libéral, dirigé pendant une courte période par Gomez Farias, formula la politique scientifique de l'État national. Pour les libéraux de cette époque, le libéralisme était applicable à l'économie mais ils concevaient aussi un « libéralisme social »[30]. Ils pensaient qu'abandonner la société à la seule inertie des événements perpétuerait l'héritage des vices coloniaux tels que les droits et privilèges des corporations civiles et religieuses, la concentration des richesses aux mains de l'Église, la discrimination et les inégalités entre les différentes couches de la société et le retard du pays. Ce libéralisme social considérait que l'État n'était pas seulement un arbitre dans la société mais bien un acteur fondamental de la transformation sociale. C'est dans ce contexte que le gouvernement mit en œuvre un plan de réformes économiques et sociales qui contenait en particulier la création d'une Direction de l'Instruction publique, créée par décret le 19 octobre 1833. Cela permit de créer six établissements laïques d'instruction publique, dont un se consacrait aux sciences physiques et naturelles, et un autre aux sciences médicales. Pour assurer le fonctionnement de ces établissements, on décréta la saisie des biens de la vieille université coloniale, de l'École des Mines, de quelques hôpitaux et des fonds provenant de legs et de donations de particuliers pour former, avec

---

29 *Memorias del Instituto de Ciencias, Literatura y Artes*, Mexico, 1826.

30 Jesus Reyes Heroles, *El liberalismo mexicano*, Mexico, Fondo de Cultura Económica, 1988.

l'apport conjoint des ressources publiques, le patrimoine des nouvelles institutions.

Quant à l'enseignement, on y incluait celui des sciences modernes, afin qu'elles soient étudiées non seulement pour elles-mêmes mais aussi pour leurs applications à l'industrie et l'agriculture. Quant aux études de médecine, elles furent couplées à celles de chirurgie, et modernisées par l'enseignement des nouvelles sciences médicales, telles que l'anatomie générale descriptive et la pathologique, la physiologie et la pharmacologie expérimentale, ce qui écartait l'hippocratisme[31] et le galénisme[32] devenus obsolètes. Un autre élément important de cette réforme fondamentale fut la création du premier institut de recherche scientifique à caractère public également : l'Institut national de Géographie et de Statistique. La notion de « science publique » venait ainsi concrétiser les aspirations de la génération de l'Indépendance, qui souhaitait disposer d'une science moderne, sous les auspices de l'État et mise au service du progrès du pays.

En un peu plus de dix ans, et en agissant sous l'impulsion inertielle du changement produit par l'Indépendance, le Mexique vécut aussi la construction progressive d'un programme politique pour la science, promu par les scientifiques eux-mêmes et, finalement par l'État qui conduisit à créer l'image d'une « science publique ».

[31] Théorie médicale d'Hippocrate, fondée principalement sur l'équilibre entre les quatre humeurs présentes dans le corps humain (sang, phlegme, bile et atrabile).
[32] Doctrine médicale de Galien, selon laquelle les quatre humeurs dont il est question dans l'hippocratisme correspondent aux quatre éléments (feu, eau, terre, air).

Les anthropologues et la Révolution nationale (1940-1944)

Cédric Grimoult
Docteur habilité en histoire des sciences, professeur agrégé en classes préparatoires littéraires au lycée Jean Jaurès de Montreuil (93)
POLEN-CEPOC, Université d'Orléans
CHCSC, Université de Versailles-Saint-Quentin
cedric.grimoult arobase laposte.net

Le régime de Vichy porte un intérêt particulier à la recherche scientifique – visant surtout la recherche appliquée plutôt que la science fondamentale – en liaison étroite à la fois avec la pénurie régnant en France pendant la Seconde Guerre mondiale et l'idéal technocratique animant une partie de ses dirigeants[1]. Directement concernés par l'idéologie réactionnaire du régime, les anthropologues français se divisent à cette époque. Paul Rivet, professeur au Muséum national d'histoire naturelle, fondateur du musée de l'Homme, et aussi cofondateur du Comité de vigilance des intellectuels antifascistes (CVIA) en mars 1934, s'oppose à Pétain dans une lettre ouverte du

[1] Pour plus de détails, consulter Cédric Grimoult, *Sciences et politique en France de Descartes à la révolte des chercheurs*, Paris, Ellipses, 2008.

14 juin 1940, ce qui lui vaut d'être destitué[2]. Il rejoint le réseau de résistance du musée de l'Homme, animé notamment par Boris Vildé et Germaine Tillon. Mais d'autres anthropologues, jusqu'ici plutôt marginalisés par la communauté scientifique, tentent de s'imposer dans le paysage institutionnel, avec l'appui des autorités politiques. La Révolution nationale entend ainsi susciter une révolution scientifique, laquelle correspond en réalité à l'émergence d'une idéologie réactionnaire, tendant à légitimer le racisme et un certain eugénisme.

Les précédents : dérives racistes des anthropologues de 1870 et 1914

L'essor de l'anthropologie raciste et antisémite en France ne s'explique pas uniquement par le contexte du régime de Vichy, mais doit être compris dans un contexte plus large, marqué surtout par le nationalisme exacerbé à l'époque des grands conflits européens.

Dès 1871, en réponse à ses collègues allemands qui interprètent la défaite de la France en termes raciaux, Armand de Quatrefages (1810-1892), membre de l'Académie des sciences et professeur d'anthropologie et d'ethnographie au Muséum national d'histoire naturelle, publie un essai outrancier intitulé *La race prussienne*. Bien qu'il rejette clairement une conception raciale de la nation, caractérisée selon lui par un mélange – qu'il considère équilibré – d'apports divers, Quatrefages attribue les comportements barbares des troupes prussiennes à leurs origines finnoises, c'est-à-dire aux caractères primitifs, pour ne pas dire préhistoriques, de leurs ascendants directs. La confusion qu'il réalise entre séparation biologique et inégalité culturelle se fonde encore, chez Quatrefages, sur un modèle fixiste, dans la mesure où il rejette l'évolutionnisme de Darwin. Mais les naturalistes européens ne tardent pas à transposer cette théorie scientifique dans leurs combats idéologiques, assimilant les cosmogonies et les techniques des populations extra-européennes à des stades plus ou moins avancés sur l'échelle de perfection supposée menant à l'homme blanc européen, qui se considère comme civilisé. Ce type de présentation rassemble les membres de l'École d'anthropologie, fondée en 1875 par Quatrefages, Paul Broca et Louis-Adolphe Bertillon, qu'ils soient fixistes ou évolutionnistes.

Ce pamphlet de Quatrefages reste isolé et ne trouve guère d'écho dans son époque, mais il constitue un précédent par lequel des savants français répondent à leurs homologues allemands sur le terrain de

---

[2] Nicolas Chevassus-au-Louis, *Savants sous l'Occupation. Enquête sur la vie scientifique française entre 1940 et 1944*, Paris, Seuil, 2004.

l'idéologie raciale. Tandis que la rivalité entre les deux pays conduit au divorce croissant des communautés scientifiques entre 1870 et 1914, la mobilisation idéologique des chercheurs atteint son paroxysme pendant la Grande Guerre.

Dès 1915, de nombreux savants français entendent répondre collectivement à l'« Appel des 93 intellectuels allemands aux nations civilisées ». Au côté d'articles plus mesurés, quelques dérives pavent le chemin d'un racisme d'État. Dans *Le Figaro*, Yves Delage, professeur de zoologie à la Sorbonne et membre de l'Académie des sciences, prétend ainsi établir l'« Histoire naturelle du *Doctus bochensis* (*olim. germanicus*) variété mal connue de l'espèce *Homo sapiens* ». Le zoologiste Louis-Félix Henneguy (1850-1915), professeur d'embryologie comparée au Collège de France et membre de l'Académie de médecine, écrit aussi :

> « De longtemps, il sera impossible aux savants des peuples civilisés d'avoir des rapports avec les représentants de cette fausse culture teutonne, qui n'est qu'un vernis superficiel dissimulant la mentalité de leurs ancêtres les Goths, les Vandales et autres hordes barbares qui n'ont pu, malgré leurs atrocités, faire disparaître les civilisations hellénique et latine. »[3]

Le docteur Chauffard, membre de l'Académie de médecine, fait même l'apologie de la guerre en des termes typiques du darwinisme social pourtant discrédité en France :

> « … à côté des morts et des blessés, des malades, il restera le plus grand nombre, ceux qui échappent à tous les dangers et demeurent indemnes. Ceux-là reviendront endurcis, plus résistants qu'ils n'étaient avant, et de cette rude épreuve, ils sortiront *meilleurs*, ennoblis et mûris, aussi énergiquement trempés au physique qu'au moral. »[4]

De tels exemples semblent rares, explicables par des mouvements de colère, car la conception anthropologique dominante en France rejette vigoureusement le racisme biologique, au nom d'une conception politique de la nation, telle que vantée par Ernest Renan dans son célèbre discours de 1882 et que l'on peut dès lors considérer comme la doctrine officielle de la IIIe République. Cela reste toujours valable à la veille de la Seconde Guerre mondiale, pour des anthropologues comme Paul Rivet et Jacques Millot notamment. Mais plusieurs auteurs

---

[3] Louis-Félix Henneguy, « Rôle de l'Allemagne dans l'évolution des sciences biologiques », *Revue scientifique*, 27 fév.- 6 mars 1915, p. 73.

[4] Dr Chauffard, « La guerre et la santé de la race », *Revue scientifique*, 16-23 janv. 1915, p. 23.

manifestent leur sympathie avec les vues racistes, dont Étienne Patte (1891-1987), paléontologue et préhistorien, professeur de géologie à la Faculté des sciences de Poitiers, Georges Montandon (1879-1944 ?), médecin suisse naturalisé français en 1936, professeur d'ethnologie à l'École d'anthropologie, ou encore René Martial (1873-1955), chargé de cours – sur « l'anthropobiologie des races » – à la Faculté de médecine de Paris depuis 1938. Ces auteurs justifient leurs conceptions par des assemblages hétéroclites d'idées périmées, telles que le polygénisme[5] – une conception selon laquelle les différentes populations humaines auraient des origines séparées – ou les thèses de Gobineau, réimportées d'Allemagne car elles n'avaient guère séduit les spécialistes français, tout comme le darwinisme social revisité par les nationalistes *völkisch* dominants outre-Rhin depuis 1890[6]. À cela s'ajoutent aussi quelques idées plus récentes. Ainsi René Martial croit-il fonder sa thèse inégalitaire sur le système sanguin, l'un des rares facteurs biologiques dont le déterminisme génétique est connu pour l'homme à cette époque. Il propose froidement d'éliminer les individus porteurs du groupe sanguin B, qu'il considère plus fréquent chez les Juifs et porteur « de la canaillerie et de la malfaisance ». À ces considérations se mêlent enfin quelques idées véritablement scientifiques, dont les théories de Mendel et de Morgan sur l'hérédité corpusculaire[7]. La synthèse élaborée par les anthropologues racistes mêle ainsi des éléments contradictoires en un « syncrétisme », écrit Jean-Marc Bernardini, qui « doit être assimilé à une fausse science ou pseudo-science »[8]. Leur crédibilité se trouve donc très réduite parmi la communauté scientifique, mais peut atteindre un public peu averti, surtout grâce au renfort de la presse.

---

[5] Par opposition au monogénisme, qui admet que les humains dérivent d'une population initiale unique, le polygénisme considère que les groupes ou races de notre espèce seraient issus d'évolutions parallèles à partir d'ancêtres distincts. Dépassé dans son acception stricte, le polygénisme reste une source d'inspiration pour les paléoanthropologues contemporains, dont les modèles admettent des périodes de séparation des populations pré-humaines et humaines au cours de l'histoire de notre lignée.

[6] Thomas Lindemann, *Les doctrines darwiniennes et la guerre de 1914*, Paris, Économica et Institut de stratégie comparée, 2001.

[7] Ces biologistes ont montré qu'il existait un support spécifique moléculaire de l'hérédité, ou matériel héréditaire, ultérieurement identifié avec l'ADN, contrairement à ce que postulaient d'autres auteurs – en particulier les néolamarckistes – qui pensaient que l'hérédité était en quelque sorte diffuse au sein des tissus et des corps vivants.

[8] Jean-Marc Bernardini, *Le darwinisme social en France (1859-1918). Fascination et rejet d'une idéologie*, Paris, CNRS Éditions, 1997, p. 62.

L'Institut Carrel pour l'étude des populations humaines

Alexis Carrel (1873-1944) est un nouveau venu dans ce milieu. Rendu disponible par sa mise à la retraite, ayant atteint la limite d'âge pour professer aux États-Unis, où il est installé depuis 1907, ce chirurgien de renommée mondiale, qui a obtenu le prix Nobel de médecine en 1912[9], revient en France pour se mettre au service du régime de Vichy, comme il s'était mis au service de la France pendant la Grande Guerre. Proche de l'extrême-droite, membre du Parti populaire français, tandis que sa femme, Anne de la Motte, milite aux Croix-de-Feu du colonel de La Rocque, il professe des idées eugénistes et technocratiques.

Carrel refuse le poste de secrétaire d'État à la Santé qui lui est proposé par Laval, mais dirige la Fondation pour l'étude des problèmes humains, créée le 17 novembre 1941. Il y voit le moyen de réaliser son grand projet, tel qu'il l'avait exposé dès 1935 dans un livre à succès, *L'Homme cet inconnu* : remplacer les classes sociales par des catégories biologiques parfaitement adaptées au sein d'une société organique :

> « Il faut que chacun occupe sa place naturelle. Les peuples modernes peuvent se sauver par le développement des forts. Non par la protection des faibles. »[10]

Car le docteur Carrel veut soigner la société, au nom du rêve scientiste qui offrirait aux gens instruits la direction des affaires publiques, précisé dans son cas par une « utopie biocratique »[11] visant à remplacer la démocratie par une méritocratie fondée sur les qualités biologiques, une aristocratie au sens étymologique du terme.

Sa conception biosociale ne relève pas – comme il pourrait sembler à travers cette citation – d'un simple darwinisme social mâtiné d'eugénisme. Alain Drouard montre qu'elle emprunte au principe biologique, alors récemment découvert, d'homéostasie, c'est-à-dire d'équilibre dynamique maintenu grâce à l'interdépendance entre les parties de l'organisme. Carrel est aussi, et même surtout, un hygiéniste, attentif au rôle du milieu sur l'organisme vivant. Sa Fondation consacre d'ailleurs l'essentiel de ses fonds de recherche à des problèmes sanitaires

---

9 Ce Prix est attribué pour sa méthode de suture des vaisseaux sanguins, qui permet des progrès thérapeutiques en cas d'amputation et de transplantation d'organes, notamment. Cette nouvelle technique n'entretient pas de rapport direct avec ses idées eugénistes.

10 Alexis Carrel, *L'Homme cet inconnu*, Paris, Plon, 1935, p. 362.

11 Alain Drouard, *Alexis Carrel (1873-1944) : de la mémoire à l'histoire*, Paris, L'Harmattan, 1995, p. 156.

classiques, en particulier ceux qui ont trait à la puériculture et à la lutte contre les « fléaux sociaux » : alcoolisme, tuberculose, syphilis[12].

Grâce à un budget global de 40 millions de francs attribué par l'État malgré un contexte de restriction drastique – d'autant que cela représente un franc par Français et par an – la Fondation Carrel répartit plusieurs centaines de salariés en dix-neuf équipes divisées en six départements : biologie de la population, biotypologie, biologie de l'enfance et de l'adolescence, problèmes liés au travail, production et économie rurales, biosociologie. L'optique centrale de la Fondation pour l'étude des problèmes humains, en relation avec l'idéologie de son régent, vise à lutter contre la dégénérescence, « l'anémie du vieux sang gaulois ».

Carrel n'étant guère raciste, la Fondation accorde un rôle important à l'immigration pour relever la natalité française, et reconnaît même l'intérêt du métissage par rapport aux problèmes de la consanguinité. Hostile à l'aryanisation, qui impliquerait une germanisation de la population française, Carrel se montre cependant occasionnellement antisémite. Il se révèle surtout constamment critique à l'égard de l'idéologie nazie. Comme l'écrit l'historien Harry Paul :

> « Bien que nombre de pères fondateurs des sciences sociales eussent formulé des plans pour le progrès, fait exploser des dogmes scientifiques, couvé des utopies, et même mené à bien d'impressionnants programmes de recherche, avec Carrel, nous voyons peut-être pour la première fois le savant et l'État idéologiquement compatibles planifier l'homme nouveau et l'ordre nouveau, en parfait accord avec la tradition scientifique occidentale, sans les aberrations ni les horreurs du programme nazi. »[13]

C'est sans doute cette conformité avec une idéologie nataliste très consensuelle et répandue dans les groupes dirigeants, qui explique la survie de la Fondation Carrel après 1945. Elle est ainsi transformée après la guerre, sous l'instigation du professeur Robert Debré, en Institut national d'études démographiques (INED), dont la direction est confiée à Alfred Sauvy.

Mais Carrel est aussi membre du Conseil permanent d'hygiène sociale, institué par un décret du 30 décembre 1942, et qui se consacre surtout à des enquêtes statistiques. Ses réalisations restent majoritairement du domaine des recherches scientifiques, leurs

---

[12] *Ibidem*, p. 199-236.

[13] Harry W. Paul, « Sciences », dans Jean-François Sirinelli (dir.), *Histoire des droites en France*, t. 3, *Sensibilités*, Paris, Gallimard, 1993, p. 636.

traductions concrètes s'avérant insignifiantes, si ce n'est pour l'appui rétrospectif offert en faveur de la loi du 28 juillet 1942 créant la médecine du travail et de la loi du 16 décembre 1942 sur la création du certificat prénuptial.

Un eugénisme néolamarckiste ?

Cette mesure, dite « loi pour la protection de la maternité et de la première enfance », vise officiellement « la sauvegarde physique et morale de la race » et devait initialement constituer le premier volet d'un programme plus vaste. Selon ce texte, les époux doivent présenter un certificat médical de moins d'un mois attestant – sans aucune autre indication, par respect du secret médical – qu'ils ont été examinés en vue du mariage. Cette loi vise seulement la responsabilisation des éventuels parents, puisqu'elle laisse aux conjoints la décision de se marier, quel que soit l'avis médical. D'ailleurs, en cas d'infraction, l'amende ne peut excéder cent francs, ce qui ne s'avère guère dissuasif. De plus, le médecin se trouve libre de mener l'examen à sa guise. La loi oblige aussi à deux visites médicales pendant la grossesse et à un suivi médical des enfants permis par le carnet de santé. Elle est complétée le 31 décembre 1942 par une loi concernant la prophylaxie des maladies vénériennes, laquelle prévoit des sanctions pénales contre les individus porteurs et refusant de se soigner ou se distinguant, telles les prostituées, par un « comportement à risque ». Un malade qui refuserait de se soigner ne peut théoriquement plus se marier.

Cette législation répond-elle à une doctrine eugéniste ? Si oui, observons que l'intervention de l'État dans le domaine sanitaire reste très réduite, car elle ne permet pas d'immixtion majeure dans la vie privée des Français, en laissant aux médecins, ardents défenseurs du statut libéral de leur profession, le contrôle de la situation. Le « biopouvoir » qu'il tendrait à développer selon Michel Foucault[14] reste donc bien timide. La défaite de 1940 semble confirmer les médecins et les hommes politiques dans leur diagnostic d'une dégénérescence biologique de la population française et face au choc psychologique qu'il engendre, le gouvernement de Vichy se donne pour mission de « régénérer » la France. Mais l'idéologie des dirigeants du nouveau régime s'accorde mal avec un eugénisme sélectif, tel qu'il est mis en œuvre en Allemagne. L'eugénisme français reste fortement empreint d'hygiénisme, vantant fortement la gymnastique et la vie en plein air, loin des villes polluées, qui inquiètent aussi Pétain pour des raisons sociales. Le 11 août 1942, un décret rend obligatoire le contrôle

---

[14] Michel Foucault, *Surveiller et punir. Naissance de la prison*, Paris, Gallimard, 1975, p. 30.

médical scolaire, ce qui s'inscrit dans la logique de la puériculture et de la lutte contre la mortalité infantile, prolongeant ainsi une attention particulière portée à la famille par les gouvernements successifs depuis la fin du XIXe siècle[15].

De même, la législation antialcoolique qui limite la publicité, la vente et la consommation publique de boissons alcoolisées appartient à cette conception hygiéniste et néolamarckiste visant la « sauvegarde de la race » par la transformation du milieu. En effet, tandis que les néodarwinistes ont montré que toute innovation évolutive apparaît d'abord au sein du patrimoine héréditaire, pour être éventuellement favorisée par la sélection naturelle, les néolamarckistes, largement dominants dans la communauté scientifique française[16], s'obstinent à soutenir l'hérédité des caractères acquis, autrement dit, que les habitudes des parents se traduisent par des modifications biologiques héréditaires, en dépit de son incapacité à rendre compte des faits produits par la génétique. D'où l'importance accordée par les médecins et les membres en vue des milieux académiques et universitaires, au milieu, terme compris dans le sens le plus large, à la famille, à l'éducation, au travail, afin de régénérer la population française. L'encouragement à la natalité et de vagues mesures d'eugénisme positif différencient donc clairement l'interventionnisme biologique de l'État français par rapport à ses voisins européens[17].

Une exception apparaît cependant avec « l'extermination douce » de près de 40 000 aliénés[18] – un chiffre réévalué depuis à 50 000 – laissés sans soins suffisants en 1941-1942. Max Lafont révèle que les psychiatres ont été accusés localement de détournement de fonds et de nourriture, mais à la différence de ce qui se passait à la même époque en Allemagne, ils auraient plutôt manifesté – il est vrai timidement – leur hostilité envers cette situation. Alertés par leurs services, les pouvoirs publics ont donné suite aux demandes de nourriture et de moyens de chauffage effectuées par les médecins seulement après une année. S'il n'y eut pas d'ordre d'extermination, une volonté eugénique hypocrite n'est donc pas à exclure, surtout si l'on envisage que les hôpitaux psychiatriques auraient pu recevoir les fonds destinés à la

---

15 Franck Thénard-Duvivier (dir.), *Hygiène et santé en Europe de la fin du XVIIIe siècle à nos jours*, Paris, Ellipses, 2012.

16 Denis Buican, *Histoire de la génétique et de l'évolutionnisme en France*, Paris, PUF, 1984.

17 Alain Drouard, *L'eugénisme en questions : l'exemple de l'eugénisme français*, Paris, Ellipses, 1999.

18 Max Lafont, *L'extermination douce : la mort de 40 000 malades mentaux dans les hôpitaux psychiatriques sous le régime de Vichy*, Latresne, Bord de l'eau, 1987.

Fondation Carrel. Mais Isabelle von Bueltzinsloewen[19] a montré, dans le cas de l'hospice du Vinatier, près de Lyon, où 2 000 malades sont morts précocement, que la situation est rentrée dans l'ordre dès 1943 : l'administration aurait – seulement, si l'on ose dire – été lente à réagir. D'extermination programmée il ne saurait donc être question.

L'Institut d'anthroposociologie

La Fondation pour l'étude des problèmes humains incarne sans doute l'idéologie dominante au sein des cercles dirigeants français. Au contraire, l'École d'anthropologie de Paris, en zone occupée, subit un fort tropisme allemand, qui parasite les consignes venant de Vichy. En 1941, elle accueille un cours sur les lois eugéniques allemandes, dispensé par Ottmar von Verschuer, généticien officiel du IIIe Reich et proche du docteur Mengele. Son *Manuel d'eugénique et d'hérédité humaine* est traduit en 1943 par Georges Mauger, directeur de *L'ethnie française. Revue mensuelle de doctrine ethno-raciale et de vulgarisation scientifique*, fondée deux ans auparavant par Georges Montadon. Ce dernier critique, en effet, la politique traditionaliste de Vichy et encourage la mise en place d'une législation autoritaire en ces domaines, sur le modèle de l'Allemagne nazie.

D'abord communiste, Montandon développe un discours antisémite et injurieux extrêmement violent. Dès avant la guerre, il prône, lors d'une conférence à Bruxelles, la déportation des femmes juives après amputation de l'extrémité du nez[20]. À partir de novembre 1939, il utilise comme leitmotiv l'expression d'« ethnie putain », notamment dans son livre intitulé *Comment reconnaître un Juif* (1940), puis dans la revue antisémite *L'Ethnie française.* Sa réputation n'en reste pas moins très réduite au plan scientifique et particulièrement sulfureuse au plan judiciaire, étant donné ses condamnations pour injures et calomnies. Montandon s'enrichit pendant la guerre, notamment en vendant clandestinement des certificats de non-judaïté[21].

Le 10 novembre 1942, le Commissariat central aux questions juives (CCQJ) crée une « Commission scientifique pour l'étude des questions de biologie raciale », forte de 20 membres. Elle est présidée par Claude Vacher de Lapouge (1886-1963), docteur en médecine et en droit,

---

19 Isabelle von Bueltzinsloewen, « Les “Aliénés” morts de faim dans les hôpitaux psychiatriques français sous l'Occupation », *Vingtième Siècle. Revue d'histoire*, n°76, oct.-déc. 2002, p. 99-115.

20 Alain Georges Leduc, *Roger Vailland (1907-1965). Un homme encombrant*, Paris, L'Harmattan, 2008, p. 207, en note.

21 Marc Knobel, « Montandon (George) », dans Jacques Julliard et Michel Winock (dir.), *Dictionnaire des intellectuels français*, Seuil, 1996, p. 803.

bibliothécaire en chef de l'Université de Caen[22]. Il est surtout connu comme étant le fils de Georges Vacher de Lapouge (1854-1936), maître à penser de l'eugénisme et du darwinisme racial, fondateur de l'anthroposociologie, une discipline qui « a pour objet l'étude des réactions réciproques de la race et du milieu social »[23]. Alors qu'il n'obtint pas de reconnaissance institutionnelle dans son pays d'origine, Georges Vacher de Lapouge fut « très admiré en Allemagne »[24].

Moins de deux semaines après sa création, cette Commission de biologie raciale se transforme en Institut d'anthropo-sociologie, auquel sont reliés une Union française pour la défense de la race (janvier 1943) visant l'opinion et l'Institut d'études des questions juives et ethno-raciales (mars 1643), dirigé par Georges Montandon, à finalité officiellement scientifique. L'Institut d'anthropo-sociologie, dont René Martial est codirecteur[25], place ses membres à la Sorbonne : Henri Labroue enseigne l'« Histoire du judaïsme », Gérard Mauger – un disciple de Montandon[26] – donne des cours d'eugénique[27] et démographie, Arnaud Bernardini s'occupe de « généalogie sociale », Charles Laville intitule son cours « judéocratie » et Pierre Villemain nomme le sien « philosophie ethnoraciale ».

Les résistances face à l'anthroposociologie eugéniste et raciste

Le cas de Labroue met clairement en lumière les forces qui s'opposent à cette pression des anthropologues racistes dans le milieu universitaire. Henri Labroue (1880-1964), deux fois docteur ès Lettres, avocat, militant à la Ligue des droits de l'homme, et deux fois député radical (en 1914 et 1928), ne devient manifestement antisémite que pendant la guerre. En avril 1941, il fonde un Institut d'études juives avant de solliciter le ministère de l'Éducation nationale. D'abord écarté, il obtient l'appui de Laval et de Louis Darquier de Pellepoix, qui

---

22 Benoît Massin, « L'anthropologie raciale comme fondement de la science politique. Vacher de Lapouge et l'échec de l'"anthroposociologie" en France (1886-1936) », dans Claude Blanckaert (dir.), *Les politiques de l'anthropologie. Discours et pratiques en France (1860-1940)*, Paris, L'Harmattan, 2001, p. 271.

23 Georges Vacher de Lapouge, *Race et milieu social. Essais d'anthropologie*, Paris, Marcel Rivière, 1909, p. VII.

24 George L. Mosse, *Les racines intellectuelles du Troisième Reich. La crise de l'idéologie allemande*, Paris, Seuil, « Points », 2008 (1e éd. en langue originale : 1968), p. 181.

25 Pierre-André Taguieff (dir.), *L'antisémitisme de plume, 1940-1944, études et documents*, Berg international, 1999.

26 Pierre-André Taguieff, *La judéophobie des modernes. Des Lumières au Jihad mondial*, Paris, Odile Jacob, 2008, p. 200.

27 C'est ainsi que l'on nomme les applications pratiques issues des théories eugénistes.

succède à Xavier Vallat au CCQJ[28] en avril 1942, pour ouvrir en Sorbonne un cours libre intitulé « Histoire du judaïsme ». Labroue souhaite y montrer la longue tradition antisémite française, indépendante des idées allemandes. L'antijudaïsme, selon lui, n'est pas « un article d'importation », formule à laquelle fait écho Vacher de Lapouge en écrivant : « Le racisme est né de parents français. » Labroue reprend à son compte les injures vulgarisées par les auteurs racistes, mais se heurte à l'opposition des institutions universitaires, non consultées dans la création du cours, et des étudiants hostiles, qui perturbent gravement le cours inaugural puis boycottent les séances suivantes[29]. Labroue se rabat sur la presse collaborationniste et fait même des conférences à l'Université de Francfort.

La France se démarque en effet fortement des pays anglo-saxons en ce qui concerne l'adhésion aux thèses eugénistes. Les médecins, qui constituent la majeure partie des spécialistes en anthropologie, restent attachés au libéralisme. Souvent catholiques, ils voient d'un mauvais œil l'immixtion de l'État dans le domaine de la santé, y compris la création du certificat prénuptial, qui fut la seule réalisation concrète du régime de Vichy dans le domaine de l'eugénisme – un eugénisme suffisamment modéré, pour que la Libération en conserve le dispositif. On peut ici rappeler les propos d'Anne Carol au sujet de l'échec antérieur de l'eugénisme :

> « Si les médecins en viennent peu à peu à refuser d'être les agents d'un certain eugénisme, c'est principalement pour deux raisons. D'abord, parce qu'il est, essentiellement, un eugénisme d'exclusion, qui s'oppose à la fois à leur déontologie et à leurs convictions personnelles, qu'elles soient solidaristes ou catholiques. Ensuite, parce qu'il est un eugénisme d'État, c'est-à-dire un eugénisme qui va à l'encontre de leur pratique libérale, met en péril leur liberté d'action, leurs revenus et leur prestige. »[30]

L'idéologie sociale dominante chez les médecins et les anthropologues français reste très marquée par le solidarisme, peu compatible avec les idées darwiniennes de lutte pour la vie, mais proche de ce que Jean-Marc Bernardini nomme un « lamarckisme social » ou « néolamarckisme social », en insistant sur un fondement biologique qui

---

28 Cf. Laurent Joly, *Vichy dans la « Solution finale ». Histoire du commissariat général aux Questions juives (1941-1944)*, Paris, Grasset, 2006.

29 Claude Singer, « L'échec du cours antisémite d'Henri Labroue à la Sorbonne (1940-1944) », *Vingtième siècle. Revue d'histoire*, 1993, n°39, p. 3-9.

30 Anne Carol, *Histoire de l'eugénisme en France. Les médecins et la procréation, XIXe-XXe siècle*, Paris, Seuil, 1995, p. 284.

reconnaît un rôle évolutif essentiel au milieu, plutôt qu'à la génétique, dans les déterminations du comportement humain[31].

À ces facteurs bien connus s'ajoute le contexte particulier de la dénatalité française, qui inquiète les spécialistes de la population depuis la défaite de 1870. Alors que le trop-plein démographique des autres pays européens leur permet de se montrer sélectifs et d'envoyer les indésirables outre-Atlantique, la France doit réduire sa mortalité infantile en inventant, surtout pendant l'entre-deux-guerres, la puériculture, et aussi encourager la natalité, de manière d'ailleurs bien timide, au moyen des allocations familiales (1932). Le régime de Vichy s'inscrit dans cette politique par nécessité, car les prétentions sélectionnistes des anthropologues eugénistes et racistes ne conviennent pas au contexte national, mais copient simplement les idées à la mode en Allemagne, ce qui ne facilite nullement leur implantation en France : aryanisation rime avec germanisation.

Le programme anthropologique de la Révolution nationale se trouve donc empêtré, dès le départ, dans de profondes contradictions. Mené par une poignée d'extrémistes maintenus à l'écart par la communauté scientifique, tiraillé entre le darwinisme social autoritaire qui a la faveur des Allemands et la tradition libérale et catholique des médecins français, discrédité par un eugénisme inapplicable dans le contexte de dépopulation et finalement divisé entre ses options sociopolitiques conservatrices d'une part, modernistes et technocratiques d'autre part, il ne put donner lieu qu'à des réalisations mineures, souvent réduites à des symboles, voire à de simples professions de foi.

---

[31] Jean-Marc Bernardini, *Le darwinisme social en France*, *op. cit.*, p. 32.

Articles

Présentation
François Audigier et Bernard Lachaise

L'Europe des gaullistes : essai sur la place des gaullistes au sein des assemblées européennes (1948-1979)
Christine Manigand

Gaullistes et socialistes au prisme du pouvoir local : l'exemple de Marseille (1947-1977)
Anne-Laure Ollivier

Le gaullisme des hauts fonctionnaires (1958-1974)
Luc Rouban

Le gaullisme d'ordre des années 68
François Audigier

La « petite lanterne du progrès » : instituteurs et éducation populaire aux marges de Paris (1890-1914)
Christophe Granger

Michel Debré et les avatars du libéralisme français (1836-1945)
Jérôme Perrier

Pour une autre histoire des Chantiers de la Jeunesse
Christophe Pécout

Les dockers de Loire-Atlantique et la réforme de 1992 : la fin d'un monde ?
Manuella Noyer et Christophe Patillon

De nouvelles sources pour l'histoire politique de la « première Chine populaire » (1949-1976)
Jean-Luc Domenach et Xiaohong Xiao-Planes

Rubriques

Archives L'Historial de la Grande Guerre *Marie-Pascale Prévost-Bault, entretien avec Clémentine Vidal-Naquet* – Archives nationales : chercheurs, organisez-vous ! *Gilles Morin* – Brèves

Avis de recherches Les socialistes d'Épinay au Panthéon *Caroline Bouchier* – Autour des cent ans des offices d'HLM *Claire Lévy-Vroelant* – Faire de l'histoire intellectuelle *Chloé Maurel*

Images, lettres et sons « URSS, fin de parti(e) » *Cécile Vaissié* – La Valise mexicaine *Marie Chominot* – Le Havre, décor et acteur du cinéma *Christian Chevandier* – Demain, demain *Muriel Cohen*

Vingtième Siècle signale

Librairie – Penser la guerre – Première Guerre mondiale – Seconde Guerre mondiale et sortie de conflit – Pendant et après la guerre d'Algérie – Colonies – Monde arabo-musulman – L'Union soviétique – Monde du travail – Église catholique – Intellectuels – Industries culturelles – Extrêmes droites françaises

TARIFS D'ABONNEMENT 2012 – Revue trimestrielle (n° 113 au n° 116)
France : Institutions : 78 €, Particuliers : 52 €, Étudiants : 48 €
Étranger : Institutions : 111 €, Particuliers : 80 €
Prix du numéro hors abonnement : 20 €

RÉDACTION

Vingtième Siècle. Revue d'histoire
Presses de Sciences Po
117, bd Saint-Germain – 75006 Paris – France
Tél. : (+33) 1 45 49 83 33 – Fax : (+33) 1 45 49 83 34
vingt.siecle@sciences-po.fr

VENTES ET ABONNEMENTS

Presses de Sciences Po
117, bd Saint-Germain – 75006 Paris – France
Tél. : (+33) 1 45 49 83 23 – Fax : (+33) 1 45 49 83 34
info.presses@sciences-po.fr

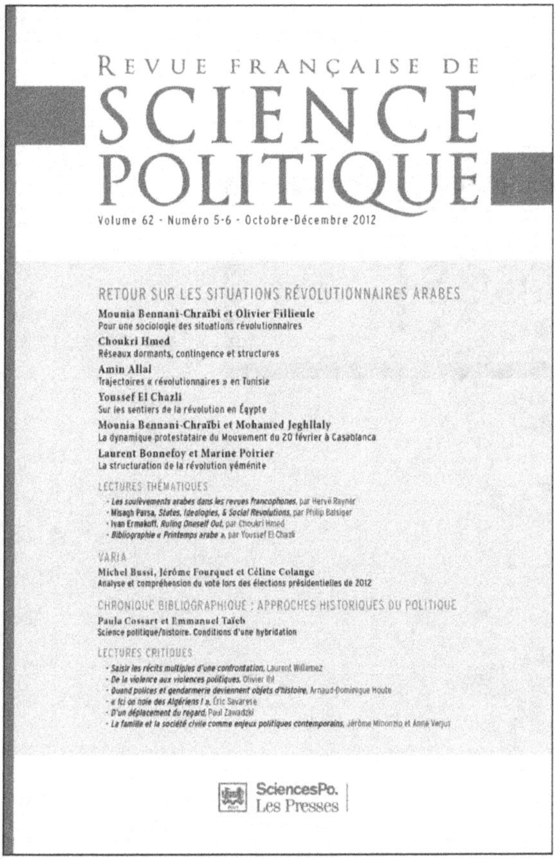

REVUE FRANÇAISE DE
SCIENCE
POLITIQUE

Volume 62 - Numéro 5-6 - Octobre-Décembre 2012

RETOUR SUR LES SITUATIONS RÉVOLUTIONNAIRES ARABES

Mounia Bennani-Chraïbi et Olivier Fillieule
Pour une sociologie des situations révolutionnaires

Choukri Hmed
Réseaux dormants, contingence et structures

Amin Allal
Trajectoires « révolutionnaires » en Tunisie

Youssef El Chazli
Sur les sentiers de la révolution en Égypte

Mounia Bennani-Chraïbi et Mohamed Jeghllaly
La dynamique protestataire du Mouvement du 20 février à Casablanca

Laurent Bonnefoy et Marine Poirier
La structuration de la révolution yéménite

LECTURES THÉMATIQUES

- *Les soulèvements arabes dans les revues francophones*, par Hervé Rayner
- Misagh Parsa, *States, Ideologies, & Social Revolutions*, par Philip Balsiger
- Ivan Ermakoff, *Ruling Oneself Out*, par Choukri Hmed
- *Bibliographie « Printemps arabe »*, par Youssef El Chazli

VARIA

Michel Bussi, Jérôme Fourquet et Céline Colange
Analyse et compréhension du vote lors des élections présidentielles de 2012

CHRONIQUE BIBLIOGRAPHIQUE : APPROCHES HISTORIQUES DU POLITIQUE

Paula Cossart et Emmanuel Taïeb
Science politique/histoire. Conditions d'une hybridation

LECTURES CRITIQUES

- *Saisir les récits multiples d'une confrontation*, Laurent Willemez
- *De la violence aux violences politiques*, Olivier Ihl
- *Quand polices et gendarmerie deviennent objets d'histoire*, Arnaud-Dominique Houte
- *« Ici on noie des Algériens ! »*, Éric Savarese
- *D'un déplacement du regard*, Paul Zawadzki
- *La famille et la société civile comme enjeux politiques contemporains*, Jérôme Minonzio et Anne Verjus

SciencesPo. Les Presses

La Revue française de science politique

Constituant une référence scientifique et académique majeure, aussi bien en France qu'à l'étranger, la *Revue française de science politique* publie des articles relatifs à tous les domaines de la discipline, avec leurs résumés en français et en anglais, des lectures critiques, comptes rendus détaillés ou brèves recensions d'ouvrages récents, les sommaires des grandes revues sur une question donnée. La *RFSP* s'adresse aux chercheurs, universitaires et étudiants, mais concerne également les spécialistes des autres sciences sociales et les acteurs de la vie politique, ainsi que les personnes intéressées par l'analyse scientifique du politique.

Ventes et abonnements :

Pour les six numéros de l'année 2013

France : 133 euros (Institutions)
75 euros (Particuliers)

Étranger : 150 euros (Institutions)
90 euros (Particuliers)

Presses de Sciences Po
117, bd St-Germain – 75006 Paris – France
Tél. : 00 33 (0) 1 45 49 83 64

Secrétariat de rédaction
Courriel : cecile.brouzeng@sciences-po.fr
Tél. : 00 33 (0) 1 45 49 51 86

[Sources]

Note sur les dangers encourus par Lacépède pendant la Terreur, par Étienne Geoffroy Saint-Hilaire[1]

Cédric Grimoult
Docteur habilité en histoire des sciences, professeur agrégé en classes préparatoires littéraires au lycée Jean Jaurès de Montreuil (93)
POLEN-CEPOC, Université d'Orléans
CHCSC, Université de Versailles-Saint-Quentin
cedric.grimoult arobase laposte.net

À notre connaissance, le manuscrit de quatre pages référencé MS 3209-4 conservé à la Bibliothèque de l'Institut de France n'a jamais été publié. L'anecdote qu'il

---

[1] Nous remercions la Commission des bibliothèques et archives de l'Institut de France, ainsi que sa présidente, Madame Hélène Carrère d'Encausse, secrétaire perpétuel de l'Académie française, d'avoir autorisé la publication de ce document inédit. Nous remercions aussi Monsieur le Professeur François Gros et Madame Mireille Pastoureau, Conservateur général de cette institution, pour avoir facilité nos recherches à l'Institut de France.

présente ne se trouve ni dans les éloges académiques, ni dans la biographie qu'Isidore Geoffroy Saint-Hilaire consacre à son père, bien que celle-ci fourmille de renseignements précis et de documents inédits. De même, nous ne savons pas dans quelles conditions Étienne Geoffroy Saint-Hilaire (1772-1844) écrivit cette note, bien que sa conclusion semble indiquer que Bernard Germain comte de Lacépède (1756-1825) était encore en vie.

Les deux hommes, zoologistes au Jardin du Roi devenu Muséum d'histoire naturelle en juin 1793, se connaissaient bien. Comme Daubenton, dont Geoffroy Saint-Hilaire était le protégé, Lacépède était un collaborateur de Buffon, le célèbre intendant du Jardin du Roi. Mais Lacépède se trouve compromis sous la Terreur, parce qu'il avait été député à l'Assemblée législative, et se retire à Leuville-sur-Orge, située à moins de trente kilomètres au sud de Paris.

Pendant ces jours difficiles, Geoffroy Saint-Hilaire sauva un grand nombre de ses connaissances. Dans des conditions rocambolesques, il permit à René Haüy, fondateur de la cristallographie moderne, de s'évader de prison à la veille des massacres de septembre 1792. Il intervint au Comité de section en faveur de Daubenton, abrita le poète Roucher dans sa propre maison au Jardin du Roi, qui avait l'avantage de bénéficier d'un accès direct aux catacombes. La générosité de Geoffroy Saint-Hilaire devint proverbiale. Au cours de la Révolution de 1830, il abrita aussi quelques jours l'archevêque de Paris, Hyacinthe-Louis de Quélen.

Le style de Geoffroy Saint-Hilaire apparaît particulièrement déficient, ce que l'on retrouve dans la plupart des autres manuscrits de sa main. Mais il devait être un brillant négociateur, par sa facilité à nouer des contacts et par l'intérêt qu'il portait aux relations humaines. Cette note montre aussi la passion qu'il déployait en faveur des causes qui lui tenaient à cœur et l'énergie avec laquelle il défendait ses amis.

On appréciera aussi l'inversion sociale qui se produit à l'époque de la Terreur, un ouvrier acquérant du pouvoir tandis que le ci-devant noble se cache à la campagne. L'anecdote rappelle quelque comédie de Marivaux, surtout quand on prend en compte le raisonnement illogique du tailleur de pierre, qui apparaît plus sot que méchant. Le caractère du bon serviteur de Daubenton contraste aussi avec le « furieux » que Geoffroy Saint-Hilaire tente de raisonner.

Ce document doit enfin être lu avec un esprit critique. S'il ne fait aucun doute que de nombreux drames individuels, pendant la Révolution, s'expliquent avant tout par des règlements de compte personnels, ce texte valorise implicitement l'ethos scientifique. À la plaidoirie de Geoffroy Saint-Hilaire en faveur d'un ami correspond l'arbitrage de Lacépède devenu juge de paix à la campagne. L'idéologie de son auteur, partagée par une grande partie de la communauté scientifique, semble appeler de ses vœux l'établissement d'un gouvernement des savants. Geoffroy Saint-Hilaire a espéré le voir réalisé sous le Consulat et l'Empire, quand il fut d'ailleurs pressenti pour devenir préfet. Mais il refusa cette charge pour se consacrer exclusivement à la science[2].

[2] Pour plus de détails, consulter : Cédric Grimoult, *Évolutionnisme et fixisme en France. Histoire d'un combat 1800-1882*, Paris, CNRS Éditions, 1998.

« un fait concernant M. de Lacépède

M. de Lacépède avait un valet de chambre intelligent vers 1791, 92 ; il en fit depuis son homme de confiance et son premier huissier à la g^{de} chancellerie d'honneur. Celui-ci copiait son maître et prenait des opinions politiques.

M. de Lacépède étant membre de la 2e législature, demeurait au jardin du roi. Son valet de chambre allait alors voisiner, causer avec les domestiques de M. Daubenton. Chez celui-ci était une cuisinière du nom de Fanchon ramenée de Montbard : les 2 frères de cette cuisinière passaient volontiers les soirées avec leur sœur : l'un d'eux était un tailleur de pierre tout rangé, marié et très économe : il était de plus un grand politique. Les questions de l'état étaient débattues dans la cuisine de M. de Daubenton très vivement entre ce frère de Fanchon et le valet de chambre de M. de Lacépède. Celui-ci soutenait les opinions modérées de son maître et l'autre des opinions très exagérées : on s'échauffait d'autant mieux qu'on avait dans les domestiques des 2 maisons, alors un public qui distribuait la louange ou le blâme. Le frère de Fanchon s'en allait souvent battu par les forts raisonnements de son adversaire et quittait de bien mauvaise humeur.

Les événements de 1793 à 1794 firent de ce frère de Fanchon un homme puissant : il fut membre des comités de section, et président des assemblées[3]. Je fus un jour rencontré par cet homme, portant son tablier de travail, et ses outils de tailleur de pierre : voici notre conversation que j'abrège pour n'en donner que l'essentiel.

= tu es le successeur d'un grand gredin = de quel nom te sors tu = on n'en guillotine tous les jours de moins scélérats = mais que t'as fait Lacépède = oh tu le défends, tu serois donc son complice ; on peut penser à toi, après l'avoir fait expédier = mais qui es-tu = que t'importe ? j'ai dénoncé Lacépède, un des 21 (comité de constitution[4]) : on m'a demandé son adresse : j'ai dit qu'il était retiré du côté de Longjumeau : mais tu sais cette adresse et tu me la diras ; ou je te ferai pincer et traiter, à son lieu et place, de la bonne façon.

J'ai trouvé un biais et j'échappais à cette conversation mais quelques jours après, j'entrais à la section : je reconnus mon tailleur de pierres qui

---

3 Il s'agit peut-être des assemblées des sections, qui organisent alors la vie des quartiers.

4 Geoffroy Saint-Hilaire se trompe, car Lacépède fait partie des 24 membres que compte le Comité d'instruction publique, mis en place le 14 octobre 1791 par l'Assemblée Législative, dont Lacépède est membre et même président, du 28 novembre au 9 décembre 1791. Sous la Terreur, comme Condorcet qui fut le membre le plus influent de ce comité, Lacépède est devenu suspect aux yeux de certains sans-culottes.

occupait le fauteuil du président : Henriot allait lui donner des avis : je m'aperçus que c'était un des puissants de l'époque et je songeai à la conversation que j'avais eu [*sic*] précédemment avec lui. Je m'informai qui il était et j'appris que c'était le frère de Fanchon : je m'ouvris de cela à M. Daubenton pour qu'il disposât sa cuisinière à calmer ce frère furieux. M. Daubenton me dit de m'entendre avec sa femme, d'aller dans ce [lieu ?] et de ne pas le compromettre. Fanchon était pleine de bonne volonté ; je m'abouchai avec le tailleur de pierre, et par tous les moyens alors en mon pouvoir, je le calmai : j'empêchai qu'il ne poursuivit son affreux dessein de trouver l'adresse de M. de Lacépède et de le dénoncer à Fouquier-Tinville : car c'était de cet homme qu'il menaçait. C'est dans ces communications que le frère de Fanchon m'apprit ce que j'ai rapporté plus haut des discussions politiques, qu'il avait eu [*sic*] en 1791 avec le valet de chambre de M. de Lacépède. Ainsi il avait logé dans son esprit de poursuivre sur M. de Lacépède les humiliations qu'il avait subies de la part du domestique de ce dernier, [?] qu'il pardonnait au valet, sur le motif que tel était le maître et tel était le valet, et que c'était la force intellectuelle du maître qui l'avait écrasé autrefois.

Avant d'avoir pris mon parti pour calmer notre furieux, j'avais imaginé d'aller prévenir M. de Lacépède du danger, et l'engager à changer de retraite. J'arrivai avec cette vue à Leuville près et par delà Linas. M. de Lacépède était occupé dans la plaine à mesurer un champ ; il y avait dispute entre des particuliers pour quelques raies de terre usurpées par des voisins. Il raccommodait ensemble des paysans qui l'appelaient leur ami et qui, le croyant le successeur de leur ancien homme d'affaires M. Jubé, parce qu'il était devenu le gendre, vivant familièrement avec lui : on l'appelait <u>mon bon ami</u> ; on le vantait comme infiniment plus savant (en affaires) que son beau père, et surtout comme un bien meilleur garçon.

Quand je m'aperçus de l'engouement qu'il avait fait naître à Leuville, je pensai qu'il ne pouvait être mieux caché que dans ce lieu : je me gardai de m'ouvrir sur ce que j'avais eu le projet de lui apprendre : je lui laissai la sécurité et il n'apprit jamais cette funeste conspiration contre sa vie, que j'eus par d'autres moyens et plus tard le bonheur d'étouffer.

M. [*Mme*] de Lacépède l'avait sçu par M. [*Mme*] de Daubenton ; ce que la première de ces dames garda par devers elle : mais avant de mourir, elle voulut m'en remercier. M. de Lacépède m'introduisit auprès d'elle sur sa demande : elle me fit un adieu très touchant et me recommanda quant à cela d'user de discrétion avec son mari = <u>qu'il ne sache jamais qu'il avait un ennemi</u> : j'ai tenu parole. »

Biologie et révolution communiste : témoignage de Denis Buican, généticien roumain opposant à la dictature staliniste[1]

Cédric Grimoult
Docteur habilité en histoire des sciences, professeur agrégé en classes préparatoires littéraires au lycée Jean Jaurès de Montreuil (93)
POLEN-CEPOC, Université d'Orléans,
CHCSC, Université de Versailles-Saint-Quentin
cedric.grimoult@laposte.net

Présentation

En 1948, le lyssenkisme est imposé par l'Union soviétique aux pays européens occupés par l'Armée rouge. Cette doctrine à prétention scientifique sévit alors depuis une vingtaine d'années dans le pays de

[1] Entretien réalisé le 21 décembre 2011, à Paris, par Cédric Grimoult.

Staline, où la biologie s'est vue embrigadée au service de l'idéologie d'État, au mépris de toute réalité expérimentale.

Lyssenko est un ingénieur agronome manipulateur et opportuniste. Il truque ses résultats expérimentaux et utilise la propagande intensive de l'État soviétique pour se faire connaître, à partir de 1927, comme un grand découvreur. En 1929-1930, ses ambitions personnelles rencontrent un terrain favorable car Staline, devenu maître du parti communiste et de l'Union soviétique, décrète la collectivisation forcée de l'agriculture, laquelle tourne à la catastrophe. Cet échec est imputé aux paysans les moins pauvres, les « koulaks », qui servent de boucs émissaires, et à des adversaires de Staline au sein du parti unique, considérés comme saboteurs et traîtres. Lyssenko fait partie des nouveaux cadres dirigeants, entièrement dévoués au parti communiste. À l'époque du stakhanovisme et du culte officiel rendu aux meilleurs travailleurs, il se présente comme le sauveur d'une agriculture tombée dans une misère chronique.

Entre 1930 et 1935, Lyssenko utilise des arguments idéologiques pour liquider ses adversaires, les généticiens, qui rencontrent pourtant, à cette époque, un succès international. Il crée une « agrobiologie » scientifiquement aberrante, mais politiquement puissante, parce que fondée explicitement sur les écrits des fondateurs du marxisme. Il se réclame aussi de l'horticulteur amateur Ivan Mitchourine (1855-1935), qui prétend avoir créé des nouvelles variétés d'arbres fruitiers plus résistants ou dont les produits sont plus savoureux. Au lieu d'admettre la méthode traditionnelle de sélection empirique des meilleurs individus, pratiquée depuis la nuit des âges et expliquée depuis le début du XXe siècle par la génétique, Mitchourine revendique un « ébranlement héréditaire » des plantes complètement incompatible avec les connaissances de son temps, parce qu'il nie l'existence de tout support matériel de l'hérédité.

Lyssenko refuse ainsi de reconnaître l'existence des chromosomes, constituants du noyau cellulaire, qui portent le patrimoine héréditaire du vivant. Les controverses avec les généticiens occidentaux exacerbent le nationalisme russe qui vante, au nom du bon sens populaire, la transmission héréditaire des modifications acquises par les individus au cours de leur vie, ce qui correspond à une théorie réfutée par les véritables scientifiques : le néolamarckisme. L'hérédité de l'acquis[2] –

---

[2] Le néolamarckisme et le lyssenkisme sont fondés sur l'hérédité de l'acquis, c'est-à-dire sur l'influence adaptative directe du milieu, sans l'intervention de la sélection naturelle de Darwin et de la sélection multipolaire de la théorie synergique de l'évolution. De manière très approximative, ils postulent notamment que les modifications du corps contractées par habitude s'inscriraient dans le patrimoine héréditaire des générations suivantes. Au contraire, la biologie contemporaine a

l'influence directe ou indirecte du milieu sur le corps des êtres vivants qui se transmettrait par la substance reproductrice aux descendants – avait préexisté, comme concept, à Lamarck, qui lui a donné une place prépondérante dans son transformisme, et devait hanter la biologie et notamment la nouvelle science de l'hérédité – la génétique – longtemps après Darwin. D'ailleurs Lyssenko souligne, dans son livre *Agrobiologie*, l'inspiration lamarckiste notamment en ce qui concerne l'hérédité des caractères acquis, tout en formulant la fausse théorie concernant le bond des espèces, qui justifierait selon sa doctrine erronée, la dialectique des accumulations quantitatives passant dans un saut qualitatif.

Reprenant la « loi » dialectique du bond, postulée par Marx[3] et Engels[4], Lyssenko affirme en effet que les espèces peuvent se transmuter les unes dans les autres, comme le blé en seigle ou l'avoine en mauvaise herbe, ressuscitant ainsi l'antique mythe des métamorphoses réfuté par la science depuis au moins le XVIIIe siècle. Lyssenko proclame même avoir obtenu, en nourrissant davantage ces animaux, la création d'une nouvelle race bovine, capable de produire un lait beaucoup plus riche en matières grasses que celui des vaches traditionnelles. Or l'alimentation ne peut pas changer spontanément l'hérédité animale ou végétale.

La fausse science de Lyssenko repose aussi sur un révisionnisme historique et scientifique systématique. Il revendique ainsi l'appellation fallacieuse de « darwinisme créateur soviétique » pour sa doctrine. Mais, en réalité, il nie le hasard des mutations génétiques, qui correspond à la variabilité indéfinie présentée par Darwin, incompatible avec le déterminisme marxiste. En effet, comme il fut définitivement établi au cours des années 1930, l'évolution biologique correspond à un changement dans la composition génétique des populations, lequel intervient grâce à plusieurs facteurs, dont le plus important reste la sélection naturelle, qui élimine ou retient les mutations génétiques aléatoires.

Indépendamment de Lyssenko, les néolamarckistes de l'Institut Timiriazev de biologie utilisent aussi l'idéologie contre les généticiens à partir de 1925. La première purge des généticiens, qui conduit notamment Tchetverikov en exil loin de Moscou, et qui exclut la

---

montré que seules les mutations génétiques se transmettent à la descendance, et qu'elles se produisent « en tous sens ». Elles ne permettent pas forcément – et même seulement assez rarement – aux individus qui les portent de vivre plus longtemps et/ou de se reproduire davantage que les autres. C'est la sélection qui élimine les mutations défavorables et retient les variations les plus avantageuses.

[3] Karl Marx, *Le Capital*, Paris, Éd. Sociales, 1971 (1867), t. 1, p. 302.

[4] Friedrich Engels, *Dialectique de la nature*, Paris, Éditions sociales, 1977 (1884), p. 70.

majorité des généticiens de l'Académie communiste, n'est donc pas due à Lyssenko, mais au dogmatisme idéologique du système totalitaire soviétique. L'Institut Timiriazev s'opposa d'ailleurs à Lyssenko, car les prétentions de ce dernier à diriger la biologie en Union soviétique menaçaient ses intérêts.

À partir de 1948 et jusqu'à la mort de Staline en 1953, Lyssenko obtient un contrôle absolu sur les affaires biologiques de l'État soviétique. Dans les pays occupés par l'Armée rouge, les laboratoires de génétique sont détruits et les scientifiques soumis au même régime de censure qu'en URSS. Dans le contexte de la Guerre froide, l'opposition entre mitchourinisme et génétique renvoie à la lutte des deux superpuissances pour le contrôle du monde. La génétique constitue alors une discipline scientifique en plein développement. Aux États-Unis, Thomas Hunt Morgan a localisé les gènes sur les chromosomes situés au cœur du noyau cellulaire et Muller a provoqué des mutations artificielles en bombardant des mouches du vinaigre – les drosophiles – avec des rayons X. Au cours des années 1930, la génétique commence à révolutionner l'agronomie, en permettant de systématiser la création de nouvelles variétés, animales et végétales, par sélection artificielle, laquelle était pratiquée de manière empirique depuis les débuts de l'agriculture. Des variétés hybrides de maïs, par exemple, offrent des rendements nettement supérieurs à ce qui était obtenu jusque-là.

Dans les pays communistes, cependant, la victoire institutionnelle de Lyssenko sur la génétique accompagne l'ascension d'autres opportunistes attaquant les scientifiques sérieux au nom de l'idéologie officielle. Une vague obscurantiste sans précédent frappe ainsi le monde communiste. Anton Makarenko réforme l'éducation par la mise en collectivité d'enfants orphelins ou abandonnés, qui sont conditionnés sur un modèle militaire et anti-intellectuel. La géologie est transformée à partir de longues considérations d'Engels au sujet du rôle de la dialectique dans l'histoire de la Terre et de ses reliefs[5]. L'ethnologie voit ses supports institutionnels dissous. Des attaques iniques frappent même les physiciens indéterministes, parce que le marxisme reste incompatible avec le hasard. Il fallut l'intervention du physicien Piotr Kapitza auprès de Staline, pour lui prouver que l'arrêt des recherches dans ce domaine obligerait le pays à renoncer définitivement à la bombe atomique.

Après une perte d'influence relative dans les années qui suivent la mort de Staline, Lyssenko reçoit le soutien de Khrouchtchev. Cet appui prouve que le lyssenkisme n'est pas seulement imputable au culte de la

---

[5] Yves Christen, *Marx et Darwin. Le grand affrontement*, Paris, Albin Michel, 1981, p. 201-206.

personnalité de Staline, mais clairement encouragé par la nature totalitaire de l'État soviétique et par les dogmes du marxisme-léninisme. C'est donc seulement après le limogeage de son dernier protecteur que Lyssenko est finalement désavoué en 1965, tout en restant membre de l'Académie des sciences de l'URSS jusqu'à sa mort, dix ans plus tard.

Denis Buican, chercheur en génétique et ancien enseignant de l'Université de Bucarest, est devenu professeur d'histoire des sciences à l'Université de Nanterre. De formation pluridisciplinaire, illustrée par trois doctorats, il a publié de nombreux articles et plusieurs livres de référence, traduits dans diverses langues, dont *La Révolution de l'évolution* (1989), qui a reçu un grand prix de l'Académie française et qui présente pour la première fois d'une manière intégrale la théorie synergique de l'évolution, élaborée auparavant par l'auteur à travers plusieurs publications.

Entretien avec Denis Buican

En tant que scientifique et historien, quelles caractéristiques reconnaissez-vous à une révolution scientifique ?

Une révolution – ou une méga-mutation scientifique – représente le passage brusque, grâce à une macro-découverte cruciale, ou lent, par des micro-découvertes successives, vers un autre modèle général théorique. L'une des plus grandes révolutions scientifiques de tous les temps reste la révolution de l'évolution du darwinisme.

Trouve-t-on, dans ce cas, un revers de la médaille ?

Bien sûr que non : l'évolutionnisme reste une théorie étayée par des faits concrets, mais son succès même a impliqué, comme après une pluie fertile, l'apparition de champignons hallucinogènes ou empoisonnés, dont la pire imposture est l'affaire Lyssenko, qui porte le nom du biologiste favori de Staline.

Vous êtes un témoin qui a souffert personnellement de cette affaire.

Le commencement tragique de cette involution scientifique m'a touché en Roumanie en 1948, une année terrible qui m'accablait quand je n'avais que quatorze hivers : mon père arrêté, moi-même persécuté et menacé par le domicile forcé – dans le cadre ordonné par le génocide de classe du stalinisme assis sur les baïonnettes de l'Armée Rouge. Cette terreur a été permise par la complicité Vodka-Cola, c'est-à-dire les ententes Staline-Roosevelt-Churchill et leurs épigones, depuis Yalta et Potsdam, faites sur le dos des peuples asservis à l'empire soviétique[6]. De surcroît, comme si la terreur quotidienne de la dictature ne suffisait pas, il fallait vivre la censure scientifique et idéologique de la fausse science de Lyssenko, appelée comme par une cruelle ironie historique « darwinisme créateur soviétique ».

Quels furent les premiers symptômes de cette tragédie scientifique ?

Comme élève de lycée en 1948, j'avais déjà une maturité précoce qui me fit lire notamment *L'Origine des espèces* de Darwin et aussi un ouvrage sur les bases de la génétique de l'évolution, écrit par Thomas Hunt Morgan. Ma surprise et mon indignation furent d'autant plus grandes dans les années suivantes, quand je trouvais dans les manuels et les publications officielles la soi-disant agrobiologie de Mitchourine-Lyssenko.

Quelles sont les assertions les plus absurdes qui étaient alors enseignées ?

Après le « triomphe » du lyssenkisme, qui eut lieu dans les séances de l'Académie d'agriculture Lénine de l'URSS à l'automne 1948 à cause de l'intervention directe de Staline, un oukase du Kremlin a ordonné de faire table rase de la génétique classique. L'existence des gènes dans les chromosomes se trouvait niée ; ils étaient considérés comme des artefacts de coloration. Le substrat matériel de l'hérédité, pourtant évident, se trouvait ainsi banni du champ de la réalité scientifique. Mais en détruisant, entre 1948 et 1965, les laboratoires de recherche de l'URSS et des pays satellisés, cette fausse science aboutit aussi à un véritable « massacre des chromosomes » dans la recherche et l'enseignement, d'autant que des généticiens réfractaires au dogme furent assassinés dans le Goulag soviétique et soviétisé, dans les pays satellisés sous le joug de Staline. En se surpassant dans le pire, Lyssenko et ses thuriféraires affirmèrent des assertions d'une absurdité hors pair, par exemple que le blé se « métamorphose » en orge et en seigle et vice-versa, parfois même en avoine… tandis que cette dernière plante se « transformerait » en folle-avoine, comme d'autres céréales en herbes folles… Cette véritable folie[7] « scientifique » aboutit à une soi-disant

---

[6] Pour plus de détails, consulter : Denis Buican, *Viață sfârtecată între Răsărit si Apus* [Vie écartelée entre l'Est et l'Ouest], Bucarest, CD Press, 2007 (en langue roumaine) et Denis Buican, *Mosaïque profane* (édition bilingue franco-roumaine), Bucarest, CD Press, 2010.

[7] Une autre décision aberrante en Union soviétique concerna « la campagne de viande » de Riazan : le premier secrétaire de la région, Larionov, après s'être engagé à tripler les objectifs du plan en livraison de viande, n'eut comme solution que de faire abattre tout le cheptel en 1959. L'année suivante, la production baisse, logiquement,

race supérieure de vaches, en attendant l'obtention de l'homme nouveau soviétique, enfin compatible avec la loi du bond du marxisme-léninisme, selon laquelle les accumulations quantitatives arrivent à des sauts qualitatifs...

Quelle est votre expérience personnelle ?

Ce saut dans les ténèbres extérieures à la science a marqué d'un sceau indélébile ma vie personnelle de chercheur. Étudiant et jeune ingénieur agronome à Bucarest, j'ai vécu, en 1957, la destruction du laboratoire où je faisais des recherches d'électro-radio-génétique contraires aux dogmes de Lyssenko. Mis à la porte de la Faculté d'Agronomie où j'étais devenu enseignant en 1957 – quand le système s'endurcit, effrayé par la révolution de 1956 de Budapest – je fus repêché à l'Institut des recherches pour les céréales où j'ai refait mon laboratoire malgré l'inquisition ambiante, en l'orientant vers la physiologie végétale. Pourtant, en 1960, je fus obligé de partir et mon laboratoire de radiogénétique s'est trouvé à nouveau démantelé. Redevenu enseignant, j'ai refusé, en 1962, de vanter la collectivisation obligatoire et forcée devant les paysans, comme il m'était demandé. Par conséquent, j'ai été mis en disponibilité pendant quelques mois, mon laboratoire étant une nouvelle fois annihilé.

Comment avez-vous pu rétablir votre activité ?

Étant considéré, grâce à mon activité scientifique, comme un « bien du pays », j'ai été repris dans l'enseignement et j'ai rédigé, en collaboration avec un collègue de l'université de Cluj, un manuel de biologie générale et génétique, terminé et présenté à la maison d'édition du ministère de l'Éducation nationale. Ce livre fut le premier de tout l'empire communiste soviétique ayant attaqué frontalement l'affaire Lyssenko. Mais il ne fut publié qu'en 1969, c'est-à-dire après des années et de nombreuses tribulations dues à la censure. Il bénéficia de la période de relative libéralisation de la dictature communiste entre 1965 et 1971, car après cette date, le couple Ceausescu – dont l'inculture était couverte par des diplômes usurpés – revenu de Chine, s'inspira du maoïsme en serrant à nouveau la vis. Dans ce livre, la censure a ajouté certaines citations de Ceausescu – d'ailleurs obligatoires – mais après mes controverses avec la maison d'édition, on s'est limité à des citations de mes propres idées introduites par une voie latérale. En effet, pour ses discours, le dictateur faisait appel à ses ministres, collaborateurs et conseillers. Or, le directeur de l'Institut où j'étais chercheur, Nicolae

---

de 65 %. Voir Nicolas Werth, *Histoire de l'Union soviétique, De l'Empire russe à la Communauté des États indépendants 1900-1991*, Paris, PUF, 1990, p. 427.

Giosan, était ministre, membre du Comité central et conseiller de Ceausescu, et devait présenter à ce dernier un rapport sur la biologie et l'agronomie. Comme ses connaissances étaient rudimentaires – malgré ses titres de professeur de génétique et académicien – Giosan me demandait de lui présenter des suggestions qu'il faisait siennes en les introduisant dans ses rapports au président. Et Ceausescu les a reprises à son propre compte. J'ai pu ainsi faire cesser l'anathème dogmatique qui touchait les recherches en génétique, biophysique, cybernétique considérées jusqu'ici comme des disciplines réactionnaires. Le livre de *Biologie générale et génétique*, publié en 1969, a été présenté élogieusement à l'Académie d'agriculture de France par le professeur Paul Vayssière du Muséum national d'Histoire naturelle.[8]

Quel fut l'impact du livre ?

Par ricochet, le livre représente aussi une attaque contre les dogmes du marxisme-léninisme, ce qui constitue une véritable révolution, en démolissant l'involution produite par la pseudo-science de Lyssenko, soutenu par Staline, puis par Khrouchtchev jusqu'à sa chute. Arrivé en France à l'occasion d'un congrès international, je suis resté dans ce pays à l'invitation du Président Pompidou et du Premier ministre Jacques Chaban-Delmas, étant naturalisé en 1972 pour des mérites exceptionnels. Malheureusement, j'ai trouvé dans mon pays d'adoption une sorte de lyssenkisme rampant que j'ai combattu dans de nombreuses publications, dont ma troisième thèse de doctorat d'État, *Histoire de la génétique et de l'évolutionnisme en France*, publiée en 1984 aux PUF[9].

---

[8] « il ne s'agit pas d'un traité essayant de justifier les théories qui avaient pour but de révolutionner les sciences biologiques des nations soviétiques depuis une cinquantaine d'années et qui constitue une sorte de bréviaire génétique. Bien au contraire, les auteurs, pour la première fois en Roumanie, s'opposent aux théories qui ont été officialisées et ils développent méthodiquement les acquisitions obtenues par la science occidentale. » Paul Vayssière, « Un nouveau traité roumain de Biologie », *Comptes rendus de l'Académie d'Agriculture de France*, 6 mai 1970, p. 493.

[9] Dans ce combat contre la fausse science et pour la liberté de la connaissance, on peut citer aussi, du même auteur : *L'Éternel retour de Lyssenko*, Paris, Copernic, 1978 ; *Lyssenko et le lyssenkisme*, Paris, PUF, « Que sais-je ? », 1988 ; *L'Université vache folle et sacrée de la République*, Paris, F.-X. de Guibert, 2004 ; *Biologie. Histoire et philosophie*, Paris, CNRS Éditions, 2010 ; *Darwin et l'épopée de l'évolutionnisme*, Paris, Perrin, 2012.

« La science est une force de production »[1]

Stefan R. Landsberger
Professeur d'histoire et de culture chinoise contemporaines dans les Universités de Leyde et d'Amsterdam
s.r.landsberger arobase hum.leidenuniv.nl

(Traduction de Cédric Grimoult et Agnès Fleureau)

Le contexte

En République populaire de Chine (RPC), les affiches de propagande ont toujours été utilisées pour rendre visibles les besoins de modernisation économique et politique, en représentant des éléments que l'équipe dirigeante jugeait nécessaires à cette modernisation. Elles faisaient partie d'une stratégie de communication plus large, incluant les journaux, les films, la radio, la littérature, la poésie, la peinture, le théâtre, les chansons et d'autres types d'expression artistique.

---

[1] Commentaire de l'affiche *Kexue shi shengchanli* (La science est une force de production) de Wen Guozhang, publiée par l'Association pékinoise de création populaire scientifique et la maison d'édition des arts populaires (*Renmin meishu chubanshe*) en septembre 1979, print n° 8027.7232 (International Institute of Social History, Amsterdam / www.chineseposters.net). Cf. les reproductions en Une, en 4e de couverture et sur http://www.parlements.org/histoire_politique_en_images.html.

Dans un pays comptant autant d'illettrés que la Chine dans les premières décennies de son existence, les affiches de propagande réussirent particulièrement bien à éduquer la population, à donner une expression concrète aux diverses politiques abstraites et aux différentes visions grandioses du futur, que le parti communiste chinois (PCC) proposait et prenait en considération. En un sens, ces affiches promouvaient la modernisation en profondeur telle qu'elle était planifiée par l'élite dirigeante de l'époque. Dans les premiers jours de la RPC, l'industrialisation à grande échelle, l'accroissement de la production agricole, l'émancipation des travailleurs, des paysans et des soldats, furent les thèmes dominants. Durant le Grand Bond en avant (1958-1960), les appels en faveur d'une production d'acier à petite échelle et l'insistance sur une approche scientifique visant à augmenter la production agricole furent soulignés à de multiples reprises. Aux beaux jours de la Révolution Culturelle (1966-1976), la haine de classe et la lutte des classes, la conscience politique, la révérence envers Mao, et, plus tard, la protection de toutes les nouvelles et grandes réalisations produites par le mouvement, constituèrent les thèmes dominants de l'affiche de propagande.

En Occident, d'un autre côté, nous en sommes venus à associer étroitement ce paradigme de la Modernisation chinoise avec les seules politiques de réforme qui furent proposées par Deng Xiaoping à partir de 1977. Fondées sur les suggestions originales d'abord présentées par Zhou Enlai et Deng Xiaoping lui-même dès 1964, elles ont été mises en œuvre par la troisième session plénière du 11e Comité central en décembre 1978. Sans la politique d'accompagnement d'ouverture de la Chine qui fut proposée et promulguée plus tôt, c'est-à-dire en 1977, par Hua Guofeng, le successeur soigneusement choisi par Mao Zedong, le programme « réforme et ouverture » aurait certainement échoué. Connu sous le nom de Quatre Modernisations, il concernait l'agriculture, l'industrie, la défense nationale, ainsi que la science et la technologie. Bien que le secteur des sciences et techniques (S&T) n'apparaisse qu'en quatrième position dans le programme de modernisation, on souligna dès le début son importance en reconnaissant que le succès du programme complet dépendait de la modernisation de ce secteur. En un sens, les sciences et techniques étaient vues comme une sorte de baguette magique qui pouvait être utilisée pour transformer, réformer et moderniser l'économie presque automatiquement. Deng Xiaoping affirma qu'elles étaient parties prenantes des forces productives, plutôt que de la superstructure ; le secteur et ceux qu'il emploie n'étaient donc plus soumis aux contraintes du combat politique[2].

L'objectif global des Quatre Modernisations était de faire de la Chine un pays socialiste moderne et puissant, avec une économie qui pourrait devenir prédominante vers l'an 2000. C'est seulement après son adoption que ses buts furent définis plus précisément, incluant : « le quadruplement de la valeur brute de la production industrielle et agricole, [… et] la transformation du pays en un pays socialiste moderne avec un haut degré de civilisation et de démocratie » au tournant du siècle[3]. Cette définition indique que le programme « réforme et ouverture » ne se limitait pas à des réformes économiques. En effet, suggérer que les réformes politiques seraient aussi mises à l'ordre du jour suscita des attentes partagées chez ces Chinois déçus par le PCC du fait de son bilan. Mises à part les tentatives pour dissocier le parti et le gouvernement, la plupart des autres initiatives de réforme politique furent bloquées par la résistance des conservateurs du parti.

Comparées au discours politique qui avait dominé toute la société pendant les trois décennies précédentes, les Quatre Modernisations signifiaient très certainement une approche complètement originale et nouvelle de la théorie et de la pratique de la modernisation socialiste. Mais il y avait beaucoup plus en jeu, quand les priorités politiques changèrent, presque à la manière de sables mouvants, dans les années 1980. Ironiquement, à peu près en même temps que le programme de modernisation fut adopté, l'affiche de propagande commença à perdre la plus grande partie de son efficacité et de son influence comme support de communication politique. La stabilité et l'ordre devinrent les slogans du moment, et les artistes et les designers durent affronter la difficulté de les illustrer par des images évocatrices. Alors que le médium de l'affiche aurait pu continuer à jouer un rôle significatif pour répondre aux exigences de plus en plus fortes de nettoyage et de réforme dans le domaine politique, ou pour préparer la population aux changements sociaux encore inimaginables qui devaient avoir lieu à relativement brève échéance, rien de tout cela ne se produisit. Tandis que les appels continus de Mao Zedong à la mobilisation, au nom des mouvements révolutionnaires, auraient été impensables sans les qualités mobilisatrices

---

2 Tong Dalin and Hu Ping, « Science and Technology », *in* Yu Guangyuan (ed.), *China's Socialist Modernization*, Beijing, Foreign Languages Press, 1984, p. 625 ; Tony Saich, *China's Science Policy in the 80s*, Manchester, Manchester UP, 1989, p. 147, 12.

3 Hu Yaobang, « On the Party's Journalism Work », *in* Brantly Womack (ed.), *Media and the Chinese Public: A Survey of the Beijing Media Audience*, Armonk N.Y., M.E. Sharpe, Inc., 1986, p. 198.

des affiches, la seconde révolution, conçue par Deng Xiaoping, pouvait très bien s'en passer.

Le PCC fit face à un énorme déficit de crédibilité, du fait qu'il avait approuvé les politiques précédentes, telles que le Grand Bond en avant et la Révolution culturelle. L'ère des Quatre Modernisations offrait d'amples opportunités pour rompre nettement avec ces événements, désormais reconnus comme de graves erreurs politiques et économiques. Tout en protégeant Mao des critiques, le blâme pour les fautes du passé pouvait commodément être reporté sur les élites dirigeantes ayant précédé Deng Xiaoping. Cela contribua à permettre au PCC d'aborder les problèmes auxquels il faisait face avec des idées nouvelles, et rendit possible une certaine redéfinition et revitalisation de son rôle dirigeant. Le PCC décida de ne plus mettre l'accent sur la lutte politique qui avait caractérisé son rôle pendant les trois décennies précédentes, et de fonder sa légitimité à diriger sur sa capacité à moderniser et améliorer l'économie et le niveau de vie de la population[4]. En résumé, on échangea la pureté politique contre le bien-être matériel.

Dans le domaine politique, deux des caractéristiques les plus importantes du programme des Quatre Modernisations furent la diminution du pouvoir réel de l'État et du PCC pour contrôler la société, et la répudiation de certains aspects fondamentaux de l'idéologie maoïste, si religieusement respectée pendant les décennies précédentes. Concrètement, ce dernier aspect signifiait que non seulement la lutte des classes était terminée, mais que l'on cessait de mettre en avant le combat politique. Il sembla aussi mettre fin à l'obsession de la pureté révolutionnaire, de l'égalitarisme et avec la prédominance du « Rouge » (l'activisme politique) sur l'« Expertise » (la réussite scolaire)[5]. En conséquence, les intellectuels assistèrent alors peut-être au changement le plus remarquable dans la façon dont ils étaient représentés dans les affiches de propagande. Soudain, ils ne furent plus dépeints comme des personnes en qui l'on ne pouvait pas avoir confiance, qui trahissaient leur nation et leurs compatriotes, qui intriguaient et complotaient pour renverser la dictature du prolétariat. Au contraire, ils étaient à présent représentés comme un groupe situé à l'avant-garde de la production, dont on attendait des contributions majeures au succès des Quatre Modernisations en général. Un élément important de cette évolution de leur reconnaissance fut leur élévation officielle au rang de

---

4 Peter R. Moody, Jr., « Spiritual Crisis in Contemporary China: Some Preliminary Explorations », *Issues & Studies*, vol. 23, n°6, 1987, p. 41.

5 Michel Bonnin et Yves Chevrier, « The Intellectual and The State: Social Dynamics of Intellectual Autonomy During the Post-Mao Era », *The China Quarterly*, vol. 127, 1991, p. 573.

« travailleurs intellectuels » : ils devenaient des piliers de la RPC au même titre que paysans, ouvriers et soldats.

Dans les affiches consacrées aux intellectuels, ils étaient généralement représentés au travail, à leurs études, dans des salles de classe ou des laboratoires. Conformément aux conventions iconographiques souvent utilisées dans la publicité occidentale, ils tendaient à porter des blouses blanches et des lunettes suggérant l'apprentissage et la connaissance. De plus, les intellectuels étaient fréquemment montrés jonglant avec le symbole atomique, indication supplémentaire de la direction dans laquelle sciences et techniques devaient se développer. Étant souvent présentés comme les pionniers de l'effort de modernisation, les intellectuels – et non plus les ouvriers ou les paysans – devinrent régulièrement les modèles proposés à la jeunesse instruite ou des exemples de la créativité intellectuelle innée du peuple chinois. Le père de la bombe atomique chinoise, Qian Xuesen (1911-2009), par exemple, devint un intellectuel connu, qui apparaissait régulièrement sur les affiches de propagande.

Karl Marx

Bien que l'adhésion à la pensée de Mao Zedong soit restée un facteur important de légitimité pour le PCC sous Deng, il devint évident que l'orthodoxie idéologique représentée par Mao ne serait plus, et ne pourrait plus, être traitée avec la même révérence qu'auparavant. Bien que Deng ait favorisé une orientation et une approche plus pragmatique, le fondement du marxisme (pour l'idéologie) – léninisme (pour la dictature du parti unique) devait demeurer l'idéologie dominante de la réforme de la Chine. Cela impliquait que les pères fondateurs du socialisme et leurs images devaient à nouveau être mis en évidence : en particulier Marx et Lénine, mais aussi Engels et même Staline étaient nécessaires pour renforcer le cadre idéologique du PCC. En effet, l'adhésion au marxisme-léninisme était l'une des « Quatre adhésions » – aussi connues sous les noms de « Quatre Principes fondamentaux » ou « Quatre Règles cardinales » –, avec le maintien du leadership du PCC, la dictature du prolétariat, et le socialisme[6]. Formulées par Deng en 1979, elles furent inscrites dans le « Préambule » de la *Constitution de la RPC*, qui fut adoptée en décembre 1982 et, bien qu'amendée et allongée au fil des années, elles sont restées en vigueur jusqu'à aujourd'hui. Les conservateurs (c'est-à-dire les orthodoxes) continuent de trouver un grand réconfort dans la capacité des Quatre Principes à étouffer toute réforme (politique) qui pourrait être vue comme une menace pour le

[6] Lu Xing, *Rhetoric of the Chinese Cultural Revolution*, Columbia, University of South Carolina Press, 2004, p. 156-157.

pouvoir du parti. Les Principes ont évolué et font partie du concept de Démocratie socialiste, qui est régulièrement invoqué et souligné pour dissiper les doutes qui pourraient exister quant à la nature fondamentale du parti et de son orientation[7].

Mise à part l'apparition régulière de son image sur la place Tiananmen à l'occasion d'événements nationaux, Karl Marx, l'une des principales sources de la sagesse idéologique, a été incontournable dans l'iconographie révolutionnaire chinoise[8]. Suivant la pratique soviétique[9], son portrait officiel, comme celui des autres pères fondateurs, a été ancré dans le regard chinois par le fait qu'il a été considéré comme un matériau décoratif approprié utilisé dans une diversité d'occasions et de lieux, y compris les écoles. On peut dire sans se tromper qu'on a mis en place un modèle de représentation.

De plus, dans les nombreuses occasions où des événements historiques significatifs ont été recréés artistiquement en Chine, un portrait de Marx apparaissait souvent à l'arrière-plan. La peinture à l'huile de Liu Gongliu de 1951, représentant Mao délivrant un rapport sur la rectification[10], dans un meeting des cadres à Yan'an en 1942, est un bon exemple de cette pratique. Sur la partie gauche de la peinture, derrière Mao qui s'adresse aux cadres, on peut voir les portraits de Marx et Lénine accrochés au mur. Et quand la Chine a célébré le centenaire de la Commune de Paris en tant qu'événement révolutionnaire, en 1972, le portrait de Marx fut ajouté aux nombreuses affiches qui proposaient une représentation artistique de la fondation de la Commune ; dans l'un des cas, ce portrait inséré de Marx fut l'œuvre de Wen Guozhang, le designer qui est aussi responsable de l'affiche de 1979 que nous analysons ici.

L'image

Bien que le PCC continuât d'imposer son image de la société, il n'était plus capable, après la fin de la Révolution culturelle, d'imposer ses définitions de la réalité, de la vérité, et du sens de la vie de la nation.

---

7 Timothy R. Heath, « What Does China Want? Discerning the PRC's National Strategy », *Asian Security*, 2012, 8:1, p. 59.

8 Chang-tai Hung, « Mao's Parades: State Spectacles in China in the 1950s », *The China Quarterly*, vol. 190, 2007, p. 411-431 ; Sang Ye et Geremie R. Barmé, « Thirteen National Days, a retrospective », *China Heritage Quarterly*, n° 17, 2009.

9 Victoria E. Bonnell, *Iconography of Power – Soviet Political Posters under Lenin and Stalin*, Berkeley, University of California Press, 1997, p. 158-159.

10 NDLR : Le Mouvement de rectification, initié par Mao à Yan'an en 1942, visait officiellement à rectifier les idées fausses qui pouvaient circuler dans le parti ; l'épuration provoqua la mort de plus de 10 000 personnes et consolida le statut de Mao à la tête du parti.

Il en a résulté une libéralisation sans précédent dans les arts et la propagande visuelle, après que Deng Xiaoping a pris le pouvoir. Le slogan « la pratique est le seul critère de vérité » devint le nouveau principe directeur pour la faction réformiste entourant Deng. Un aspect très important dans les considérations sur la manière dont le futur devait être représenté dans l'art de propagande fut l'insistance de Deng à affirmer que la littérature et les arts n'étaient plus soumis à la politique, dont ils étaient inséparables par nature, et devaient servir à la fois le peuple et le socialisme. La modernisation s'appliqua aussi aux arts, et cela impliquait d'introduire de nouvelles idées, de nouveaux concepts et de nouvelles qualités dans la pensée et le comportement du peuple[11]. Les arts, comme « ingénieurs de l'âme » continuèrent néanmoins d'être considérés comme des outils éducatifs qui devaient fournir de l'information, changer les attitudes ou même les comportements, en résumé, fournir des images qui serviraient à imposer un régime de vérité[12]. Bien sûr, en dépit de l'insistance officielle pour que les auteurs et artistes « utilisent totalement leur esprit créatif », les arts étaient censés refléter l'« esprit du parti », et étaient désormais considérés comme des contributions aux Quatre Modernisations et au socialisme. Cela impliquait la fin du réalisme socialiste comme seul principe de création en art.

Comme le réalisme socialiste n'était plus obligatoire, les artistes expérimentèrent d'autres styles. La population devait se familiariser avec les nouvelles approches du développement national et la façon innovante de penser l'économie introduite par le programme des Quatre Modernisations. C'est évident si on considère que cette affiche fut publiée comme une contribution de l'Association pékinoise de création populaire scientifique, un groupe de scientifiques professionnels consacré à la vulgarisation de la science auprès de l'ensemble de la population, et la maison d'édition des Beaux-arts du peuple, une organisation qui, avec quelques autres à Pékin et Shanghai, ont dominé la production et la distribution d'affiches de propagande jusque dans les années 1980.

Manquant d'exemples locaux, les images puissantes, requises afin de promouvoir les changements que la réforme allait nécessairement apporter, ont été inspirées par l'imagerie occidentale, en particulier sa

---

[11] Editorial Committee for Party Literature under the Central Committee of the Communist Party of China (ed.), « Speech Greeting the Fourth Congress of Chinese Writers and Artists », *Selected Works of Deng Xiaoping*, Beijing, Foreign Languages Press, 1984, p. 200-207.

[12] Liu Jianming, *Deng Xiaoping xuanchuan sixiang yanjiu* [On Deng Xiaoping's Ideas of Propaganda], Shenyang, Liaoning renmin chubanshe, 1990, p. 226-228.

science-fiction et son futurisme. Les éléments utilisés étaient ouvertement des icônes occidentales de la modernité, du progrès et du développement, souvent inspirés par des représentations fantastiques du futur. On y trouvait des vaisseaux spatiaux, des monorails et d'autres manifestations de la modernité, fournissant des visions tentaculaires d'une Chine ultramoderne dominée par les gratte-ciel, les autoroutes embouteillées et une abondance de nourriture qui résulterait inévitablement de la mise en œuvre réussie de ce nouveau programme[13]. Par conséquent, la propagande de modernisation reflète fidèlement les représentations dominantes globalement acceptées d'un monde où science et technologie règnent en maîtres. En ce sens, la Chine s'est irrévocablement connectée au village global, qui voit le monde comme une communauté unique, avec des désirs et des aspirations universellement partagés, souvent inspirés par les médias électroniques. La société urbaine de consommation qui a surgi de ces rêves à la fin des années 1970, avec ses manifestations contemporaines que sont les iPhones, Starbucks, Imax, H&M et autres McDonald's, ont, de plus, diminué la distance séparant la Chine du reste du monde, à la fois en termes de (niveaux de) développement et de pratiques culturelles.

Cependant, l'image que nous analysons, datant de 1979, semble encore chercher sa voie parmi les possibilités d'une variété déconcertante que la nouvelle ère de pragmatisme de Deng avait à offrir. Les divers éléments composant l'image semblent se tenir mutuellement dans un équilibre assez précaire et, d'une certaine façon, assez justement refléter les sentiments de l'époque, souvent contradictoires. Marx, sur le côté droit de l'image, adopte clairement la position d'un orateur s'adressant à la foule – comme s'il prononçait le slogan imprimé en idéogrammes et en pinyin au bas de l'affiche : « La science est une force de production ». Il semble pointer du doigt de sa main droite un lanceur spatial ou présenter ce vaisseau en phase de lancement à son public invisible ou imaginaire (ou bien à celui de l'affiche). L'image fait ainsi correspondre les contributions intellectuelles espérées (recherche scientifique, prouesses technologiques) avec l'idéologie (Marx et tout ce qu'il représente), exhortant ainsi la communauté réhabilitée des scientifiques et des techniciens à contribuer une fois de plus et encore davantage au développement de la Chine. De plus, l'image dans son ensemble signale

13 Qian Daxin, « Xuanchuanhua chuangzuo he chuban zongshu » [Summary of the creation and publication of propaganda posters], *Zhongguo chuban nianjian 1984* [Yearbook of Chinese publishing 1984], Beijing, Shangwu yinshuguan, 1984, p. 229-230 ; Joan Lebold Cohen, *The New Chinese Painting 1949-1986*, New York, Harry N. Abrams, Inc., 1987, p. 76-77.

que le programme spatial chinois, mis en veille durant la Révolution culturelle, est relancé. Le complexe militaro-industriel a dû aussi se sentir rassuré par le message contenu dans cette affiche, le secteur bénéficiant grandement de la relance du programme spatial, ce qui permit à l'Armée de libération populaire de démontrer qu'elle répondait bien aux demandes politiques de modernisation, même si aucun fond spécial n'y fut consacré.

Le designer

Wen Guozhang (1942) est né à Huai'an, dans la province de Jiangsu. Il commença des études artistiques en 1958, quand il entra au collège attaché à l'Académie d'art centrale de Pékin. Plus tard, il étudia au Département d'art de la danse de l'Académie dramatique centrale et au Département de peinture à l'huile de l'Académie d'art centrale. En 1980, il fut diplômé en tant que chercheur au Département d'estampe de l'Académie d'art centrale. Il devint par la suite professeur associé au Département d'art populaire de l'Académie d'art centrale.

Malgré sa formation d'artiste généraliste et sa polyvalence dans une grande diversité de genres, Wen est surtout connu pour ses peintures à l'huile. De plus, au fil des années, il semble être devenu l'artiste le plus demandé quand il s'agissait de produire une image de Karl Marx. Une affiche plus ancienne, publiée en 1972, montre les prouesses de Wen peignant Marx, puisqu'elle fut choisie pour commémorer le centenaire de la Commune de Paris. Certains des autres travaux de Wen ont été inclus dans la collection du prestigieux Musée national d'art de Chine[14].

Coda : groupe(s) cible(s), réception et efficacité

Cette affiche illustre un changement dans la pratique politique et elle fut produite pour expliquer celui-ci à plusieurs groupes cibles évidents : les intellectuels, y compris les scientifiques, les chercheurs et les techniciens. D'autres groupes étaient peut-être également visés, les représentants du gouvernement dans le « secteur de la connaissance », les dirigeants et administrateurs des universités et les professionnels de l'éducation. Étant donné son sujet et son contenu, il est hautement improbable que cette affiche ait éveillé un quelconque intérêt esthétique chez les gens, et qu'elle ait fini affichée dans l'appartement de l'une de

[14] Zhongguo meishuguan (ed.), *Zhongguo meishu nianjian 1949-1989* [Chinese Fine Arts Yearbook 1949-1989], Guilin, Guangxi meishu chubanshe, 1993.

ses cibles. Plus probablement la trouvait-on dans les bureaux ou les salles de réunion.

Les questions relatives à la réception, à la popularité et à l'influence des affiches de propagande de ce genre sont difficiles à résoudre. La plupart des sources officielles chinoises soulignent que la population préférait les affiches produites par le PCC à d'autres productions visuelles plus frivoles ou plus traditionnelles. Ces rapports, qu'ils aient été écrits dans les premiers jours du PCC ou plus récemment, ne renseignent cependant pas sur les effets éducatifs que ces affiches ont pu avoir. Durant les plus de six décennies que le PCC est resté au pouvoir, aucune preuve n'existe que le parti ait jamais entrepris des recherches au sujet de la réception et de l'efficacité de ce matériel de campagne : ils étaient simplement considérés comme le bon message diffusé au bon moment. Les nombreuses conversations que j'ai eues avec des Chinois de tous horizons depuis plus de trente ans remettent en cause le discours officiel sur l'appréciation et/ou l'efficacité des affiches. Beaucoup de gens remarquent que « personne en Chine n'aimait ces choses », indiquant ainsi qu'elles n'étaient pas à la hauteur des standards esthétiques des groupes ciblés, et que « personne n'achèterait ces choses », signe que personne ne semblait consommer de telles images[15]. Il reste difficile de déterminer ce que les gens pensaient vraiment de ces images ou s'ils aimaient vraiment ce qu'ils voyaient. Nous ne pouvons toujours pas être sûrs que ces affiches étaient capables de fournir l'information qu'elles étaient censées dispenser, ni qu'elles étaient réellement efficaces pour changer les attitudes, voire les comportements.

---

[15] Stefan R. Landsberger, « Confessions of a Poster Collector », *Reminiscences and Ruminations – China Information Anniversary Supplement*, 1994, 9/1, p. 38 ; Stefan R. Landsberger, « Contextualizing (Propaganda) Posters », dans Christian Henriot and Yeh Wen-hsin (eds), *Visualizing China - Visual, Representations, Materiality and Narrative*, Brill Publishers, à paraître.

[Varia]

La constitution d'un groupe parlementaire légitimiste sous la Seconde République, un « processus inachevé »[1], d'après la correspondance de Paul de Dieuleveult

David Stefanelly
Professeur agrégé, doctorant à l'EHESS
Histoire et civilisations
david.stefanelly arobase neuf.fr

Quand il étudie la pertinence de la notion de « parti légitimiste », Stéphane Rials considère que le légitimisme est l'une des tendances

[1] Raymond Huard, « Aux origines d'une structure nouvelle, le parti (vers 1830-vers 1880) », Serge Berstein et Michel Winock (dir.), *L'invention de la démocratie 1789-1914*, Paris, Seuil, 2002, p. 191.

politiques du XIXe siècle qui a été le plus loin dans le sens de l'intégration partisane au sens moderne du terme. Le même historien constate aussi des « obstacles »[2] qui ont retardé ce processus. Dans le prolongement des dysfonctionnements observés sous la Monarchie de Juillet, les positionnements politiques incertains, les divisions, les relations tendues avec les autres droites fragilisent une structuration parlementaire efficace et contribuent à l'échec final des légitimistes[3].

Il s'agit donc de montrer l'affirmation d'un groupe parlementaire légitimiste sous la Seconde République à travers notamment la correspondance que Paul de Dieuleveult, élu dans les Côtes-du-Nord, représentant et notable légitimiste, adresse à sa famille durant son mandat[4]. L'emprise de Pierre Antoine Berryer (Bouches-du-Rhône), l'adhésion à une politique de répression et des réflexions approfondies sur des sujets comme la décentralisation contribuent à la cohésion et à l'inscription dans les nombreuses formes de structuration politique après 1848. Pourtant, comme le montrent les lettres de Paul de Dieuleveult, ce groupe parlementaire légitimiste présente des fragilités qui s'amplifient au cours de la période et aboutissent à son échec final : les fractures internes sont fortes et expriment l'absence d'organisation rigoureuse de l'époque, les relations conflictuelles avec les autres droites sont omniprésentes et expliquent l'impuissance légitimiste face au coup d'État du 2 décembre 1851.

Un groupe parlementaire légitimiste aux contours flous

Sous la Seconde République, le groupe parlementaire occupe une place centrale au sein de la nébuleuse légitimiste. D'importance variable sous la Constituante et la Législative, il présente des contours flous.

---

[2] Stéphane Rials, *Révolution et contre-révolution au XIXe siècle*, Paris, Albatros, 1987, p. 262-271.

[3] Hugues de Changy, *Le mouvement légitimiste sous la Monarchie de Juillet (1833-1848)*, Rennes, PUR, 2005, 420 p.

[4] Alain de Dieuleveult et David Stefanelly, *Lettres d'un député – Paul de Dieuleveult (1799-1867) représentant des Côtes-du-Nord à l'Assemblée législative (1849-1851)*, La Flèche, édition reprographiée pour l'association Dieuleveult et alliés, 1999, 294 p. Ces lettres, numérotées dans l'ordre chronologique, réparties entre le 29 mai 1849 et le 24 décembre 1851, sont au nombre de dix-sept en 1849, trente-six en 1850 et vingt-sept en 1851. Elles constituent une source fondamentale pour étudier le positionnement politique du groupe parlementaire légitimiste. 78 lettres sont adressées par Paul à son frère Albert ; les deux restantes sont une lettre du député à son épouse, Olympe, datée du 15 juin 1849, et une missive d'Olympe à Albert, qui informe son correspondant de l'arrestation de son frère lors du coup d'État du 2 décembre 1851.

Élue en avril 1848, l'Assemblée constituante[5] comprend, en plus de Berryer, 58 députés qui expriment des convictions légitimistes[6]. À proximité, siègent des hommes dont les antécédents peuvent laisser augurer de sentiments identiques. Mais ils n'affichent pas leurs opinions politiques avec clarté ou s'éloignent des légitimistes au cours de la législature. Il s'agit d'hommes politiques qui « risquent de se donner à qui saura les séduire ou de fluctuer au gré des événements »[7]. Seize représentants entrent dans cette catégorie. Ils peuvent se contenter de siéger parmi les droites conservatrices sans choisir entre les légitimistes, les orléanistes et les bonapartistes. C'est le cas de Druet-Desvaux (Orne). Certains, comme Affre Saint-Romme (Aveyron), inclinent vers le bonapartisme. D'autres, comme Charles de Charencey (Orne), s'affichent de plus en plus comme orléanistes. Un parlementaire comme Eugène Des Essarts (Manche) va même se rapprocher de la gauche après l'élection de Louis Napoléon Bonaparte. Enfin, les convictions religieuses l'emportent sur toute autre considération pour Jean Fayet (Lozère).

Dans l'Assemblée législative élue en mai 1849, en raison des résultats électoraux favorables à la droite, le groupe parlementaire[8] légitimiste est plus étoffé que sous la Constituante. 132 représentants légitimistes affichent clairement leurs convictions favorables à la branche aînée des Bourbons[9]. Quelques députés comme Louis Ravinel (Vosges), Léonce de Voguë (Cher) ou Rioult de Neuville (Calvados), viennent se joindre à la liste initiale à la suite d'élections partielles. Autour de ces légitimistes convaincus siègent des députés dont les convictions sont beaucoup plus incertaines. Trente-trois élus entrent

---

5 L'étude de la composition de l'Assemblée constituante est possible grâce au croisement de trois ouvrages collectifs : *Biographie des 900 députés de l'Assemblée nationale*, Paris, éditeur L. Janet, 22 août 1848 ; *Biographie des 900 membres de l'Assemblée nationale*, Paris, PH. Krabbe, 1849 ; *Biographie des 900 représentants à la Constituante et des 750 représentants à la Législative. Session de 1849*, Paris, V. Lecou, 1849.

6 Pierre Lévêque, *Histoire des forces politiques en France 1789-1880*, t. I, Paris, A. Colin, 1992, p. 309, parle de 57 parlementaires légitimistes et de 200 autres sans passé politique connu.

7 Jean Garrigues (dir.), *Histoire du Parlement de 1789 à nos jours*, Paris, A. Colin, 2007, p. 193-194.

8 La prohibition du mandat impératif, qui assurait au député sa liberté d'action et de vote au parlement, a longtemps été considérée comme incompatible avec la naissance des groupes parlementaires. Ce n'est qu'au début du XXe siècle que l'institution de groupes parlementaires formels apparaît.

9 Pierre Lévêque, *Histoire des forces politiques en France*, *op. cit.*, p. 190, fixe le nombre à 150 élus soit le tiers de ceux qui appartiennent au parti de l'Ordre. Dans son éditorial de l'*Opinion Publique* du 20 août 1849, Alfred Nettement évalue le contingent que « la droite apporte à la majorité » à 160 voix.

dans ce cas de figure au début de la nouvelle législature. Les nouveaux parlementaires ont souvent été élus sur des listes conservatrices qui associent légitimistes, orléanistes voire bonapartistes, sans que la distinction soit aisée à faire entre les trois tendances. Ce sont des conservateurs à l'étiquette floue comme Émile Vesin (Aveyron). Douze d'entre eux soutiennent la politique proposée par Louis Napoléon Bonaparte et s'orientent vers la droite bonapartiste. On peut citer Léon de Barbançois (Doubs). Seul Beugnot (Haute-Marne) se rapproche des orléanistes alors que Combes (Aveyron) met l'accent sur ses convictions religieuses et que Jules Failly (Deux-Sèvres) adopte un positionnement centriste.

Les éléments de cohésion du groupe parlementaire

Ces représentants légitimistes se rassemblent autour de la position dominante exercée par Berryer, de leur adhésion à une politique réactionnaire et d'intenses réflexions sur des enjeux importants de la période.

La position dominante de Berryer. La figure centrale du légitimisme de la Seconde République est Berryer[10], parlementaire de grande envergure. Avocat de formation, il se distingue dans les assemblées où il siège grâce à son talent oratoire. Célèbre pour ses plaidoiries, il est élu député en 1830 et incarne le légitimisme parlementaire dès la Monarchie de Juillet. Il siège à l'Assemblée constituante dès avril 1848 puis à l'Assemblée législative en mai 1849. Berryer est le principal porte-parole du légitimisme dans ces deux assemblées. Son ascendant s'explique par un talent oratoire très poussé qui lui permet de s'imposer aux yeux des parlementaires de son camp et d'impressionner souvent ses adversaires. Il propose une stratégie politique fondée sur l'action parlementaire et développe une activité intense à l'intérieur de l'hémicycle.

Paul de Dieuleveult adhère pleinement aux options politiques de Berryer, à l'égard duquel il éprouve une admiration sans bornes. Il transmet l'idéologie de ce légitimisme constitutionnel et parlementaire pour qui « le système représentatif appartient à l'authentique tradition de la monarchie, et implique la responsabilité ministérielle »[11]. Il peut ainsi écrire à son frère : « Ce n'est qu'en nous cramponnant à la Constitution que nous pouvons espérer de conserver

[10] Jacques Trémolet de Villers, *Aux marches du palais. Pierre-Antoine Berryer avocat*, Bouères, DMM, 1997, 348 p.

[11] Pierre Lévêque, *Histoire des forces politiques en France*, *op. cit.*, p. 167.

un peu de tranquillité et d'empêcher les partis de se lever. »[12] Dans le prolongement de ses discours, il s'agit de tout faire dans l'hémicycle pour empêcher l'impérialisme ou l'orléanisme et, pour atteindre cet objectif, commettre des actes « négatifs »[13]. C'est tout naturellement qu'avant son départ définitif de Paris, fin décembre 1851, Paul de Dieuleveult rend une dernière visite à Berryer et a une « conversation »[14] avec lui.

L'intense activité parlementaire de Berryer pendant la Seconde République illustre sa position de meneur. Elle se manifeste de deux points de vue : soit il intervient par des discours dans l'hémicycle à l'occasion des grands débats politiques qui ne manquent pas durant la période, soit il réalise un travail, un peu plus ingrat mais tout aussi prenant, sur des sujets obscurs, techniques et financiers. Parmi les quinze comités spéciaux qui composent la Constituante, il s'inscrit au comité des finances. Sous l'Assemblée législative, il siège à la commission du budget avec 29 collègues. Il en devient le président[15] et défend ses prérogatives. Également membre et président de la commission du chemin de fer de Paris à Lyon et à Avignon[16], il n'hésite pas à soutenir financièrement la construction des lignes ferroviaires. Berryer est également très attaché à son rôle de président de la commission de surveillance des caisses d'amortissement et des dépôts et consignations. Il est l'un des trois parlementaires élus en 1849, 1850 et 1851[17]. À ce titre, il effectue chaque année un rapport sur la situation de ces deux entités[18].

Une participation active à la politique de répression. Le groupe parlementaire légitimiste adopte une position politique consensuelle sous la Constituante comme sous la Législative. Dans le cadre du parti de

[12] Lettre de Paul de Dieuleveult n°32, vendredi 29 mars 1850.

[13] Lettre de Paul de Dieuleveult n°49, samedi 23 novembre 1850.

[14] Lettre de Paul de Dieuleveult n°80, mercredi 24 décembre 1851.

[15] Procès-verbaux de la commission du budget pour les exercices 1850 et 1851 (Archives nationales).

[16] Procès-verbaux de la commission du chemin de fer de Paris à Lyon et à Avignon. Berryer est désigné président lors de la première séance qui se tient le 5 avril 1851 (Archives nationales).

[17] Scrutin pour la nomination des trois membres de l'assemblée devant faire partie de la commission de surveillance de la caisse d'amortissement et de celle des dépôts et consignations, 8 novembre 1851. Berryer est élu en deuxième position et obtient 317 voix.

[18] Rapport fait à l'Assemblée nationale par la commission de surveillance de la caisse d'amortissement et de la caisse des dépôts et consignations sur la situation de ces établissements au 31 décembre 1848 en exécution des articles 114 et 115 de la loi du 28 avril 1816, séances des 10 août 1849 et 31 juillet 1850 (Archives nationales).

l'Ordre, coalition conservatrice, il s'agit de mener une action répressive et réactionnaire contre la gauche.

> « L'Assemblée nationale constituante de la Seconde République [...] vit une histoire intense et agitée. L'immense salle provisoire qui accueille les quelque 900 représentants résonne souvent de vibrantes indignations, de violentes disputes, d'accès d'hilarité générale. »[19]

Sous la Constituante, les représentants légitimistes apportent dans l'ensemble leur caution au vote de lois répressives et prennent une part active aux débats, par exemple à celui de la loi sur les clubs. Le 22 janvier 1849, sur les 466 représentants qui votent en faveur de l'article premier du projet de loi qui renvoie les auteurs et les complices des événements du 15 mai devant la Haute Cour de justice, 51 sont légitimistes. Le 21 mars, 53 légitimistes votent en faveur de l'article premier du projet de loi sur les clubs adopté par 404 voix contre 303.

Sous la Législative, les légitimistes à l'intérieur de la majorité parlementaire poursuivent la mise en place de mesures structurelles, qui favorisent une réaction de grande ampleur jusqu'au milieu de l'année 1850. La loi sur l'enseignement, ainsi que la série de lois restrictives sur le jury, la presse, le cautionnement ou encore le timbre, et sur le sort des prisonniers arrêtés au moment des mouvements populaires, emportent l'adhésion de l'ensemble des droites coalisées. Pour les députés légitimistes, la promulgation de la loi sur l'enseignement, dite loi Falloux, représente l'un des actes législatifs les plus attendus du mandat parlementaire. Paul de Dieuleveult n'éprouve pas de doute quant au résultat du scrutin du 15 mars car, écrit-il, la loi étant bien en adéquation avec l'état d'esprit des membres du parti de l'Ordre, « elle sera adoptée à une forte majorité »[20]. Le texte recueille en effet 399 voix contre 237, avec de légers amendements. Le 19 avril, Paul de Dieuleveult et ses amis appartiennent à la nette majorité qui adopte le premier article de la loi de déportation, par 436 voix contre seulement 230. Le 23, Paul de Dieuleveult refuse même le projet de loi qui demande l'ouverture d'un crédit pour la célébration de la fête du 4 mai. Cette dernière marque pourtant le second anniversaire de la proclamation de la République et est adoptée par la quasi-totalité des parlementaires. Le 31 mai, il apporte sa voix, avec 432 de ses collègues, à l'ensemble du projet de loi concernant la révision de la loi électorale du 15 mars 1849, seulement refusée par 241 députés.

---

[19] Thomas Bouchet, *Un jeudi à l'assemblée. Politiques du discours et droit au travail dans la France de 1848*, éditions Nota Bene, 2007, p. 15-16.

[20] Lettre de Paul de Dieuleveult n°28, vendredi 15 mars 1850.

Une intense réflexion. Le groupe parlementaire légitimiste participe à des discussions de fond et à « une intense réflexion »[21] sur des enjeux majeurs de la période. Il se distingue sur la place de l'État et la décentralisation. Les représentants légitimistes expriment leur pensée à travers des travaux parlementaires, des ouvrages et la presse. Ils se méfient d'un État trop présent. Ils interviennent régulièrement dans l'hémicycle pour en réduire les dépenses. Claude Raudot (Yonne) s'y distingue à de multiples reprises. Par exemple, le 4 août 1849, il rejette le projet de loi sur l'achèvement du Louvre, qu'il considère comme l'une des « folies de Paris »[22]. La réduction du poids de l'État est l'un de leurs objectifs. Dans la continuité de leurs positions sous la Restauration[23] et la Monarchie de Juillet, ils combattent donc la centralisation. Raudot souligne les difficultés inquiétantes de son pays, « l'abîme où va se perdre la patrie », rassemble « les preuves irrécusables de sa décadence » et entend participer aux « questions vitales que l'Assemblée nationale va discuter »[24]. Devant les parlementaires, il rend le système centralisateur et la domination de la capitale qui en résulte responsables de l'instabilité politique et de la stagnation de la France[25].

A contrario, les représentants légitimistes mettent en avant la décentralisation et valorisent les pouvoirs locaux dans leurs différents travaux. Ferdinand Béchard (Gard), déjà engagé sur le sujet pendant la Monarchie de Juillet[26], consacre le préambule de l'un de ses ouvrages à une lettre du comte de Chambord qui l'encourage à approfondir ses études sur « l'application pratique de la décentralisation » et « même formuler [ses] idées en projets de lois ou de décrets, afin de les rendre encore plus précises »[27]. Ils entendent défendre les libertés locales et

---

21 Sylvie Aprile, *La IIe République et le Second Empire 1848-1870, du prince président à Napoléon III*, Paris, Pygmalion, 2000, p. 153.

22 *Le Moniteur*, daté du dimanche 5 août 1849, compte rendu de la séance du 4.

23 Rudolf von Thadden, *La centralisation contestée : l'administration napoléonienne, enjeu politique de la Restauration (1814-1830)*, Arles, Actes Sud, 1989, 348 p.

24 Claude-Marie Raudot, *De la décadence de la France*, Paris, Amyot, 1850, 140 p.

25 Claude-Marie Raudot, « proposition sur l'organisation communale, cantonale et départementale, présentée le 21 juin 1849 », *Assemblée législative. Impressions. 1849*, t. I, n°58.

26 Hugues de Changy, *Le mouvement légitimiste*, *op. cit.*, p. 112. Le 1er mars 1838, Béchard ouvre la discussion générale sur le projet de loi portant attribution des Conseils généraux et des Conseils d'arrondissement. Sur le fond, il attaque le système de centralisation administrative. Dans le détail, il s'élève contre des sessions de Conseils généraux et de Conseils d'arrondissement trop courtes.

27 Ferdinand Béchard, *De l'administration intérieure de la France avec un appendice sur les lois municipales des principaux États de l'Europe par monsieur Bergron, docteur en droit*, Paris, D. Giraud et J. Dagneau libraires-éditeurs, 1851, t. I, *organisation communale et cantonale*, 402 p., t. II, *organisation départementale et divisionnaire*, 395 p.

combattent avec fermeté la loi sur les maires présentée, le 1er mars 1850, par le ministre de l'Intérieur et qui rend le pouvoir exécutif responsable des nominations dans les communes de plus de 3 000 habitants et le préfet dans celles de moins de 3 000 habitants. Ils profitent de leur mandat parlementaire pour présenter leur projet d'une organisation intérieure du pays respectueuse de la décentralisation et des libertés locales. Ils rédigent des ouvrages sur ce sujet.

Les représentants légitimistes utilisent la procédure parlementaire pour que ces convictions inspirent les projets de loi débattus sur l'organisation administrative de la France. Le 8 février 1851, la proposition de Betting de Lancastel (Loire-Inférieure), favorable à la nomination d'une commission de trente membres sur cette question, est retenue. Désireux de défendre leurs convictions, les légitimistes participent activement aux réunions de leur bureau. Neuf légitimistes – le vicomte de Larcy (Gard), le vicomte de Melun (du Nord), Louis Favreau (Loire-Inférieure), Betting de Lancastel, Charles de Limairac (Haute-Garonne), Gustave de Laboulie (Bouches-du-Rhône), Antoine de Vatismesnil (Eure) et Amédée Vernhette (Hérault) – deviennent membres de la commission parlementaire. Lors de sa première séance, le 20 février, Vatismesnil est désigné président en tant que doyen d'âge tandis que Laboulie est élu vice-président et que Larcy est nommé secrétaire. Les travaux se tiennent entre le 28 février et le 24 novembre 1851. Mais le coup d'État du 2 décembre les interrompt[28].

Les limites d'une structuration en groupe parlementaire : fragilités et divisions

Pourtant, tout au long de la Seconde République, les tensions et les divisions sont omniprésentes entre les représentants légitimistes. La structuration en un groupe parlementaire cohérent, à l'intérieur du parti de l'Ordre, en est donc fragilisée, ce qui aboutit à leur échec final après le coup d'État du 2 décembre 1851.

Fractures au sein du groupe légitimiste. Le groupe parlementaire légitimiste est traversé par des lignes de fracture. Bien que dominante, la ligne légitimiste parlementaire, incarnée par Berryer, se heurte, tout au long de la Seconde République, à d'autres options. Berryer et ses amis politiques prennent une part active aux débats internes au légitimisme et s'opposent ouvertement à la tendance de droit national. Paul de

28 Procès-verbaux des séances de la commission chargée d'examiner le projet de loi relatif à l'administration intérieure (communes, cantons, départements, conseils de préfecture).

Dieuleveult estime ce courant dangereux. Il s'insurge contre le comportement d'un personnage comme le marquis de La Rochejaquelein, qui pourtant porte un nom prestigieux « cher aux légitimistes » mais qui « a par-dessus tout le désir de faire parler de lui et de poser »[29], et dont surtout il ne partage l'opinion concernant le suffrage universel. Il s'en ouvre à son frère en mars 1850 après une proposition publique qu'il qualifie d'« incident curieux »[30]. La Rochejaquelein présente son approche du suffrage universel, qui s'inscrit directement dans une volonté d'un appel au peuple « souverain »[31]. Ferme sur ses principes, Paul de Dieuleveult, comme ses proches, juge très sévèrement l'option idéologique de La Rochejaquelein, qu'il qualifie d'« inopportune » et de « quelque peu inconstitutionnelle »[32].

La stratégie politique de Berryer demeure la sensibilité majoritaire au sein des partisans des Bourbons. Surtout, la montée électorale de la « démocratie-socialiste » et les succès du bonapartisme plébiscitaire ont calmé les ardeurs de la plupart des royalistes[33]. Début avril 1850, la proposition de La Rochejaquelein est repoussée à l'unanimité lors de la réunion de la rue de Poitiers[34].

L'échec des représentants légitimistes ou l'impasse des divisions (1850-1851). Une fois la gauche vaincue, le groupe parlementaire légitimiste est un acteur impuissant de la déliquescence de la majorité parlementaire. Malgré la rupture de l'alliance entre la majorité conservatrice et le Président de la République au printemps 1850 et la montée des tensions entre les anciens alliés, les légitimistes se montrent incapables de conserver leur cohésion.

La discussion de la révision de la Constitution entre mai et juillet 1851, désirée par le président afin de prolonger son mandat, concrétise l'imbroglio et l'affaiblissement légitimiste. Les députés de ce bord s'empêtrent dans leurs divisions. Dans la lignée de leur leader, Berryer, beaucoup de ses amis défendent la révision de la Constitution, dans les semaines qui précédent le débat parlementaire, par le dépôt de pétitions[35].

---

29 Lettre de Paul de Dieuleveult n°32, vendredi 29 mars 1850.

30 Lettre de Paul de Dieuleveult n°31, jeudi 28 mars 1850. Les éditoriaux d'Alfred Nettement dans *l'Opinion publique* parlent alors de proposition « étrange ».

31 *Le Moniteur*, daté du jeudi 28 mars 1850, compte rendu de la séance du 27 mars 1850.

32 Lettre de Paul de Dieuleveult n°32, vendredi 29 mars 1850.

33 Stéphane Rials, *Le légitimisme*, Paris, PUF, coll. « Que sais-je ? », 1983, p. 51.

34 L'*Opinion Publique*, 6 avril 1850.

35 Maurice Agulhon, *1848 ou l'apprentissage de la République 1848-1852*, Nouvelle histoire de la France contemporaine, Seuil, 1992, p. 177-178, évalue à 1,5 million le nombre de signatures pour la révision.

Mais une partie se reconnaît dans les positions de La Rochejaquelein qui souhaite qu'une réforme électorale précède la révision constitutionnelle. Certains d'entre eux peuvent exprimer leurs réserves sur le fond et la forme de la question. Le 23 mai, Bouhier de l'Écluse intervient longuement, en début de séance, pour s'élever contre le dépôt massif de ces pétitions, en particulier celles qui sont favorables à la prolongation des pouvoirs du Président de la République et remettent en cause la Constitution. Face à ce qu'il estime être des dérives, à « la pression exercée » pour obtenir des signatures, il exige un rappel au règlement et le respect constitutionnel[36].

La discussion dans les bureaux et le choix des commissaires attestent des divisions au sein du groupe parlementaire légitimiste. La voix de La Rochejaquelein a fait échouer Kerdrel contre Favre, alors que Vatimesnil s'est incliné face à Odilon Barrot à cause de l'obstination de certains légitimistes à soutenir un troisième candidat. Les dissensions perdurent à l'ouverture du débat parlementaire, le 14 juillet, lorsque, à l'opposé d'Alfred Nettement, Falloux défend une position identique à celle de Berryer et se prononce en faveur de la révision totale. Il y combat l'idée de remanier la loi du 31 mai avant de voter la révision « comme le propose La Rochejaquelein », et montre l'inconvénient du manque d'énergie qui pousse certains députés à combattre la révision afin de gagner du temps[37]. Le vote a lieu le 19 juillet. La révision obtient 446 voix contre 270. Pour être adoptée, il lui fallait 543 voix[38]. Malgré leurs interventions marquantes, Berryer et Falloux ne parviennent pas à enlever la décision, même si seulement dix-sept députés légitimistes suivent La Rochejaquelein dans son rejet de la révision.

Le 2 décembre 1851 : le coup de grâce pour des députés légitimistes marginalisés

Fin 1851, un avenir politique incertain. À la rentrée parlementaire de novembre 1851, les légitimistes ne sont guère optimistes quant à leur avenir politique. Désemparé, Paul de Dieuleveult est ainsi le témoin de

---

36 *Le Moniteur*, samedi 24 mai 1851, compte rendu de la séance du 23.

37 Comte Alfred de Falloux et Pierre-Antoine Berryer, *Révision de la Constitution, discours prononcés à l'Assemblée législative par messieurs de Falloux et Berryer dans les séances des 14 et 16 juillet* 1851, Paris, imprimerie S. Dautreville et Cie.

38 Maurice Agulhon, *1848*, *op. cit.*, p. 178, précise que la procédure de révision ne pouvait être engagée par l'Assemblée législative qu'avec une majorité des trois quarts. Les 446 voix favorables à la révision représentent un parti de l'Ordre affaibli, les 278 une gauche républicaine élargie.

l'impuissance des députés[39]. Seuls les représentants légitimistes font preuve d'une résistance ferme mais leur intransigeance politique les marginalise. Le 17 novembre, la séance est dominée par la discussion sur la proposition de loi des trois questeurs qui confère au président de l'Assemblée législative le droit de requérir directement la force armée pour assurer la sécurité et, éventuellement, la défense de la représentation nationale. « C'était, ce pouvait être une parade contre le coup de force de l'Élysée »[40], inspirée par les royalistes anti-bonapartistes en réaction à la circulaire du ministre de la Guerre. Le résultat du scrutin public jette les légitimistes dans la plus complète consternation car il manifeste leur impuissance : la proposition des questeurs est rejetée ; elle n'obtient que 300 voix alors que 403 votent contre et sont issus d'une alliance entre montagnards et élyséens. En légitimiste favorable à une résistance appuyée, Paul de Dieuleveult rapporte son profond sentiment de désarroi[41]. Son jugement sur la portée de ce vote et de ce rejet, qui marque, selon lui, la fin prochaine de l'assemblée, corrobore l'analyse de son ami politique Falloux, pour lequel « à partir de ce jour, la lutte était terminée »[42]. Ce jour-là, aucun légitimiste n'intervient à la tribune, même si la quasi-totalité d'entre eux vote la proposition, seuls onze étant opposés[43]. « Les divisions de la droite et une erreur de jugement de la Montagne vont grandement servir Louis Napoléon. »[44] Prenant en compte une telle déstructuration politique et le ralliement momentané de la Montagne à l'exécutif, Paul de Dieuleveult transmet ces interprétations divergentes, opposées aux siennes et sources d'un pessimisme renforcé[45]. Pour les légitimistes, la menace d'un coup d'État prochain se précise.

Après de multiples reports, le Président de la République « choisit pour son coup d'État l'anniversaire de la victoire d'Austerlitz, le 2 décembre »[46]. Paul de Dieuleveult, mis comme ses collègues devant le fait accompli, trouve refuge avec 220 parlementaires, dont Berryer ou Falloux, dans la mairie du 10e arrondissement, rue de Grenelle-Saint-

---

39 Philippe Vigier, *La Seconde République*, Paris, PUF, 1967, p. 84, fait peser sur « les ultras de la légitimité et de l'orléanisme » la responsabilité de l'échec de la république conservatrice et la montée en puissance du bonapartisme.

40 Maurice Agulhon, *1848*, *op. cit.*, p. 181.

41 Lettre de Paul de Dieuleveult n°69, mardi 18 novembre 1851.

42 Comte Alfred de Falloux, *Mémoires d'un royaliste*, Paris, Perrin et Cie, 1888, p. 127.

43 *Le Moniteur*, mercredi 19 novembre 1851, compte rendu de la séance du 18.

44 Inès Murat, *La Deuxième République 1848-1851*, Paris, Fayard, 1987, p. 460.

45 Lettre de Paul de Dieuleveult n°69, mardi 18 novembre 1851.

46 Charles Seignobos, *La Révolution de 1848 et l'Empire*, t. 6 de l'*Histoire de la France contemporaine*, Ernest Lavisse (dir.), Hachette, 1926, p. 202.

Germain. C'est là que se déroule la seule réunion d'importance[47]. Le texte, laconique puis pathétique, que Paul de Dieuleveult rédige, dans un climat particulièrement agité, rend pourtant compte de l'impuissance des détenteurs du pouvoir législatif, éparpillés, face au coup de force dont ils sont les principales victimes[48]. Le rapport de force n'est plus de leur côté. Malgré les rumeurs insistantes du risque très prochain d'un acte illégal perpétré par le Président de la République, une certaine surprise transparaît en raison de la soudaineté de l'événement. Les députés légitimistes avaient pris l'habitude de vivre sous la menace constante de l'exécutif avant d'être placés devant le fait accompli.

La vision de Paul de Dieuleveult sur les événements du 2 décembre 1851 est semblable à celle de Falloux qui, réveillé en hâte, se retrouve aussi cantonné dans la mairie du 10e arrondissement[49]. Ces différents témoignages manifestent les dernières tentatives de résistance des représentants, organisés en une assemblée influencée par Berryer, et se terminent même par une note d'espoir. Néanmoins, ce dernier sentiment est vite déçu. Très rapidement, les soldats stationnent autour de la mairie et, en dépit des efforts pour opposer la légalité à la discipline militaire, 220 députés, rassemblés[50], sont finalement arrêtés. Le général Ferry les emmène à la caserne du quai d'Orsay à quinze heures trente. Les députés sont gardés à Orsay jusqu'au soir puis envoyés en voitures cellulaires hors de Paris à la prison de Mazas (pour 62 d'entre eux) ou aux forts du Mont-Valérien (52 dont Falloux) et de Vincennes (104, dont Berryer). Dès le 4 décembre au matin, Berryer et ses amis, enfermés à Vincennes, sont libérés. Pour les parlementaires légitimistes, c'est le temps de l'effacement et de la débandade. La prise du pouvoir bonapartiste se réalise au détriment des autres droites et, notamment, des partisans des Bourbons.

L'après 2 décembre 1851 : un retrait politique immédiat. Le groupe parlementaire légitimiste est marginalisé. Les options et le comportement politiques de Paul de Dieuleveult, son état d'esprit, au

---

47 Éric Anceau, « Les représentants du peuple et le coup d'État du 2 décembre 1851 », *Parliaments, Estates and Representation*, 23, 2003, p. 69-87.

48 Lettre de Paul de Dieuleveult n°72, mardi 2 décembre 1851.

49 Comte Alfred de Falloux, *Mémoires d'un royaliste*, Paris, Perrin et Cie, 1888, p. 135-136.

50 La liste de ces 220 députés emprisonnés à Orsay est donnée dans le quatorzième chapitre, intitulé « première journée, le guet-apens. Caserne d'Orsay », de l'ouvrage de Victor Hugo, *Histoire d'un crime*, préface de Jean-Claude Caron, postface de Sylvie Aprile, éditions Abeille et Castor, Angoulême, 2009 [édition originale en octobre 1877], 505 p. On compte 80 députés légitimistes.

cours des jours qui suivent le 2 décembre 1851, illustrent l'isolement politique de plus en plus prononcé du légitimisme. Libéré au bout de trois à cinq jours d'emprisonnement, il vit désormais totalement isolé, coupé des événements politiques, reclus chez lui et se borne, à plusieurs reprises, à observer d'un ton désabusé l'atmosphère apaisée qui règne dans la capitale et la réussite définitive du coup d'État : « Paris continue à être calme »[51]. Il est vrai que la tentative insurrectionnelle menée par une soixantaine de députés républicains se solde par une répression extrêmement tragique et sévère avec 300 à 400 tués. Le 10 décembre, il témoigne de l'impuissance de son courant, dépassé par les événements et tiraillé entre des considérations contradictoires. Malgré sa désapprobation de l'usurpation, la peur de l'anarchie représente toujours chez lui une donnée psychologique primordiale. Le pouvoir sait pertinemment que l'immense majorité des députés arrêtés sont des hommes d'ordre qui répugneraient à se lancer dans des entreprises hasardeuses. Paul et ses amis politiques préconisent de ne pas participer à la consultation populaire fixée au 20 décembre[52].

C'est sans surprise et avec une passivité certaine que Paul de Dieuleveult apprend la victoire de Louis Bonaparte lors du plébiscite : « La majorité, comme je te le mandais et je le prévoyais, se prononce en faveur du président »[53]. Le résultat est en effet triomphal pour le président, qui recueille plus de sept millions des voix, soit environ 92 % des suffrages exprimés. Quant à Paul de Dieuleveult, ses ultimes lettres attestent de son recul par rapport à la scène politique nationale : seuls le retour et le repli sur sa terre natale de Tréguier l'intéressent. L'une de ses dernières phrases résume, à elle seule, un tel effacement : « Il me tarde d'être arrivé et tranquillement installé près de mon feu »[54]. En ce mois de décembre 1851, plein d'amertume, il peut constater les dégâts causés par d'incessants déchirements et de mésententes parlementaires. Le parallélisme entre son attitude et celle de ses chefs de file parlementaires est évident. Falloux décide lui aussi de se retirer sur ses possessions angevines et de quitter définitivement le monde politique. Les dernières phrases de ses mémoires résonnent comme un vibrant adieu à sa condition d'homme public engagé[55]. Berryer ne se représente pas devant les électeurs de Marseille pour les élections au Corps législatif de 1852. Il justifie son retrait dans une lettre adressée à un

---

51 Lettre de Paul de Dieuleveult n°75, mardi 9 décembre 1851. Au matin du 5, le soulèvement est maté à Paris. Reste « la résistance en province », encore à ses balbutiements, que n'évoque pas Paul de Dieuleveult.

52 Lettre de Paul de Dieuleveult n°77, dimanche 14 décembre 1851.

53 Lettre de Paul de Dieuleveult n°80, mercredi 24 décembre 1851.

54 *Idem.*

55 Alfred-Frederic Falloux comte de, *Mémoires*, *op. cit.*, p. 158-159.

membre du collège électoral de Marseille, Surian, en février 1852, dans laquelle il dissuade ses soutiens locaux de le porter candidat et de voter pour lui à cause de « cette absence radicale de libertés »[56]. Il se consacre de plus en plus à des activités non politiques.

Malgré leur échec final, les légitimistes s'inscrivent dans le processus de structuration politique à l'œuvre pendant la Seconde République. Sous la Constituante, ils constituent un petit groupe de parlementaires. Ce groupe s'étoffe sous la Législative. Soudés par la lutte contre les « rouges », animés par d'intenses réflexions idéologiques et menés par Berryer, ils forment un véritable groupe parlementaire au sein de l'hémicycle pendant la Constituante comme pendant la Législative. Pourtant, ce processus est inachevé. Dès le départ, les contours du groupe parlementaire sont flous. De plus, victimes de tiraillements avec leurs alliés conservateurs et de divisions internes, les représentants légitimistes se montrent trop fragiles pour résister aux agissements de Louis Napoléon Bonaparte et à son coup d'État. Ils ne peuvent pas contrecarrer ses projets impériaux et ne se relèvent pas de leurs divisions, de leurs hésitations et de leurs incohérences, véritables obstacles à « l'intégration partisane » et à une organisation rigoureuse et efficace.

Un véritable éclatement s'opère sur la stratégie à suivre. Si une très nette majorité des parlementaires légitimistes suit son chef de file et se retire de la vie publique, deux d'entre eux[57] se présentent et sont élus en tant que légitimistes, quinze autres[58] participent, sans succès, au scrutin électoral. Sept[59] se rallient au nouveau régime. L'après 2 décembre confirme les limites de la cohésion apparente et d'une organisation efficace.

---

[56] Ernest Lecanuet, *Berryer, sa vie et ses œuvres, 1790-1868*, Paris, Bloud, 2 avril 1893, p. 330.

[57] Bouhier de l'Écluse (Vendée), Audren de Kerdrel (Ille-et-Vilaine).

[58] Barthélémy Sauvaire (Bouches-du-Rhône), Louis de Berset (Mayenne), Charles Bouchet de Grandmay (Deux-Sèvres), Élie de Dampierre (Landes), Guy de Fontaine (Vendée), Theodore Grimault (Sarthe), le vicomte Harscouet de Saint-George (Morbihan), Hippolyte de Keridec (Morbihan), Léo de Laborde (Vaucluse), Alphonse de La Devansaye (Maine-et-Loire), Henri de Lespinay (Vendée), Joseph de Luppe (Lot-et-Garonne), Henri de Riancey (Sarthe), Marie-Ange Rioust de Largentaye (Ille-et-Vilaine) et le marquis Vaujuas de Langan (Mayenne).

[59] Théophile Bigrel (Côtes-du-Nord), Gustave Bucher de Chauvigné (Maine-et-Loire), Louis de Cuverville (Côtes-du-Nord), Raymond Larrabure (Basses-Pyrénées), Étienne Morin (Drôme), le comte Ségur d'Aguesseau (Hautes-Pyrénées) et Alexis Wendel (Moselle).

Souffrir en politique. Dames « blanches » et jésuites au temps de la République (1880-1914)

Bruno Dumons
Directeur de recherche au LARHRA (CNRS – Lyon)
Bruno.Dumons arobase ish-lyon.cnrs .fr

Souvent, l'agir en politique résulte de la prise de conscience d'une souffrance collective, c'est-à-dire de l'atteinte à la dignité d'un groupe ou d'une communauté. L'histoire contemporaine française a depuis longtemps mis en lumière ce processus de l'action collective qui puise régulièrement ses ressources dans les souffrances communes vécues par les hommes et les femmes d'une époque. Qu'il s'agisse des milieux nobles de Claude-Isabelle Brelot, atteints par la disparition du second ordre dans la France post-révolutionnaire, ou des ouvriers français de Michelle Perrot et d'Yves Lequin, souvent contraints de vivre une existence chaotique pouvant basculer à tout moment dans la misère, le recours à l'action politique puise souvent dans cette prise de conscience aiguë des souffrances collectives. La scène politique devient alors le théâtre régulier d'exutoires ou de solutions nouvelles à mettre en œuvre afin de remédier à ces souffrances devenues intolérables pour un groupe social mais également pour l'ensemble de la société[1].

Ce que l'histoire sociale et politique a su mettre en exergue à partir des exemples de la souffrance ouvrière ou nobiliaire, elle ne l'a cependant guère envisagé pour les élites traditionnelles du catholicisme français. Pourtant, une souffrance aussi intense a été vécue par de nombreux notables catholiques conservateurs à la fin du XIXe siècle. Ainsi, cet officier français, Albert de Mun, explique dans un de ses livres que sa « vocation » d'homme politique chargé d'organiser la mobilisation des catholiques de France autour d'un parti, fait suite à la souffrance intériorisée par les milieux du catholicisme légitimiste, suscitée par le désastre de 1870, l'effondrement de la société impériale et l'atteinte aux pouvoirs temporels du pape[2]. Auparavant, nombreux avaient été ces jeunes nobles ou étudiants de bonne famille à s'engager volontairement dans l'armée des zouaves pontificaux après avoir épousé la souffrance du pape et du Saint-Siège devant les assauts des républicains italiens ou étrangers[3]. Souffrir et se battre pour la défense de l'Église, après la bataille perdue pour le roi, devient une manière héroïque de sauver son âme et de gagner son ciel.

L'histoire des élites catholiques et monarchistes reste donc encore à écrire[4]. Et là, elle ne peut guère faire l'économie d'une approche de la souffrance collective, vécue par ces groupes sociaux minoritaires, très fermés, qui font l'expérience douloureuse de la marginalisation, parfois du déclassement, et de la violence anticléricale. Si cette souffrance sociale s'enracine dans une culture catholique et contre-révolutionnaire, aux accents jansénistes et rigoristes, qui donne toute sa place à une

---

[1] Si la souffrance individuelle ou collective peut engendrer différentes formes d'engagements politiques, il demeure néanmoins complexe d'en distinguer la part authentiquement vécue de la possible instrumentalisation que peuvent en faire les acteurs eux-mêmes dans leur itinéraire politique. Récemment encore, Michelle Perrot s'interrogeait sur l'intensité de la souffrance et de l'indignation qui a poussé Lucie Baud, une ouvrière en soie du Bas-Dauphiné au début du XXe siècle, à s'engager à la mort de son mari dans le recours à la grève et le combat syndical jusqu'au suicide : Michelle Perrot, *Mélancolie ouvrière*, Paris, Grasset, 2012, p. 101.

[2] Albert de Mun, *Ma vocation sociale*, Paris, Lethielleux, 1908, p. 20 ; Philippe Levillain, *Albert de Mun. Catholicisme français et catholicisme romain du Syllabus au Ralliement*, Rome, EFR, 1983, p. 158-162.

[3] Jean Guénel, *La dernière guerre du Pape. Les zouaves pontificaux au secours du Saint-Siège (1860-1870)*, Rennes, PUR, 1998 ; Gilles Pécout, « The international armed volunteers. Pilgrims of a transnational Risorgimento », *Journal of Modern Italian Studies*, 2009, n°4, p. 413-426.

[4] Bruno Dumons et Hilaire Multon (dir.), *« Blancs » et contre-révolutionnaires en Europe. Espaces, réseaux, cultures et mémoires (fin XVIIIe – début XXe siècles). France-Italie-Espagne-Portugal*, Rome, EFR, 2011.

spiritualité doloriste et une théologie de la souffrance comprise comme une réparation et une expiation, elle offre néanmoins l'élan nécessaire à une prise de conscience collective conduisant sur les chemins de la mobilisation politique[5].

La souffrance politique au féminin

Dans cette France catholique du XIXe siècle largement féminisée, les dames de la bourgeoisie et de la noblesse ont ressenti durement cette souffrance commune qui les a atteintes dans leur foi chrétienne mais aussi dans leur mission d'éducatrices, notamment lors des mesures prises contre les congrégations enseignantes en 1880 et 1901[6]. Le collège est alors l'un des lieux de transmission de la culture catholique, souvent « blanche », au sein des patriciats urbains. Son éradication est donc vécue comme une atteinte profonde aux valeurs culturelles du catholicisme français. Désormais, la formation des âmes n'est plus assurée. En brisant les instruments de diffusion de la foi, c'est le principe même d'une « société catholique » qui risque de vaciller. Nombre de femmes l'ont compris, surtout dans les milieux aristocratiques et bourgeois, constituant les avant-gardes de ces bataillons du « catholicisme au féminin ». Cette souffrance collective se double de celle vécue par le corps enseignant de ces collèges, qui relève le plus souvent de la Compagnie de Jésus, elle-même soudée autour des multiples expériences de souffrances collectives, allant du souvenir des missionnaires martyrs à celui de la suppression de l'ordre (1773)[7]. Toutes ces épreuves sont vécues comme la souffrance d'une communauté agressée par un monde dominé par les « forces du mal »[8]. À la fin du XIXe siècle, la violence du contexte politique et l'intensité des souffrances endurées amènent des personnalités féminines du catholicisme français à s'engager en politique comme d'autres entrent en religion. Stimulées par leurs souffrances communes, elles vont pour un temps délaisser leurs fonctions de mère et d'épouse pour embrasser

---

[5] Jean-François Galinier-Pallerola, *La résignation dans la culture catholique en France (1870-1945)*, Paris, Cerf, 2007.

[6] Bonnie G. Smith, *Les bourgeoises du Nord (1850-1914)*, Paris, Perrin, 1989, p. 148-150.

[7] Mona Ozouf, *L'École, l'Église et la République (1871-1914)*, Paris, Colin, 1963 ; André Lanfrey, *Les catholiques français et l'école (1902-1914)*, Paris, Cerf, 1990 ; Patrick Cabanel et Jean-Dominique Durand (dir.), *Le grand exil des congrégations religieuses françaises (1901-1914)*, Paris, Cerf, 2005.

[8] Richard D. E. Burton, *Holy Tears, Holy Blood. Women, Catholicism and the Culture of Suffering in France (1840-1970)*, Ithaca, Cornell University Press, 2004.

le « métier » politique en se lançant dans l'aventure des ligues féminines à l'occasion du vote de la loi sur les associations en juillet 1901[9].

Destinée à lutter contre les congrégations, cette mesure législative provoque la colère de plus de 600 000 femmes en France qui déposent une pétition au Sénat[10]. Privées du droit de vote, elles décident d'agir sur le résultat des élections législatives d'avril-mai 1902 en organisant leur protestation sous la forme d'une ligue féminine. L'initiative est prise à Lyon en septembre 1901 avec la Ligue des femmes françaises (LFF), puis imitée à Paris en mai 1902 avec la Ligue patriotique des Françaises[11]. En portant notre regard sur la première de ces ligues, d'essence monarchiste, il y a ici matière à prendre la mesure d'un engagement politique féminin, suscité par la violence d'une souffrance collective. En effet, cette ligue conçoit comme stratégie de reconquête l'engagement de femmes en politique. Son action s'inspire d'une vision du monde héritée du modèle tridentin que façonnent un catholicisme intransigeant et une spiritualité de combat. Les fondatrices vivent leur engagement politique comme une « expiation » des impiétés du siècle qu'il est nécessaire d'accepter pour « refaire la France chrétienne ».

Dans un tel contexte de violence et de rupture, nombreuses sont ces dames du catholicisme français à opter pour une stratégie de combat, recourant à des pratiques qui ont déjà fait leurs preuves lors des grandes crises de la Réforme et de la Révolution[12]. En quelques mois, plusieurs milliers de femmes du monde s'engagent dans la LFF au nom d'une volonté commune d'expiation et de réparation, visant à défendre l'Église et à construire une contre-société[13]. Ainsi, une profonde souffrance collective semble être à l'origine de la création d'une arme de combat politique comme la LFF. Les trois personnes qui se sont distinguées dans cette fondation ligueuse incarnent cette conjonction de souffrances individuelles et collectives, pouvant être aussi lue à l'aune de l'histoire du genre. Il y a là deux femmes et un homme : une jeune bourgeoise lyonnaise, une dame de la noblesse provinciale et un prêtre de la Compagnie de Jésus. Ces trois figures ont chacune en commun

---

9 Bruno Dumons, *Les Dames de la Ligue des Femmes Françaises (1901-1914)*, Paris, Cerf, 2006.

10 Jean-Marie Mayeur, *La séparation de l'Église et de l'État*, Paris, Julliard, 1966, p. 21-25 ; Pierre Sorlin, *Waldeck-Rousseau*, Paris, Colin, 1967, p. 439-449.

11 Sur la Ligue Patriotique des Françaises : Odile Sarti, *The Ligue Patriotique des Françaises (1902-1933). A Feminine Response to the Secularization of French Society*, New-York, Garland, 1992 ; Magali Della Sudda, « La politique malgré elles », *Revue française de science politique*, 2010, n°1, p. 37-59.

12 Bernard Dompnier, *Le venin de l'hérésie. Images du protestantisme et combat catholique au XVIIe siècle*, Paris, Centurion, 1985.

13 Le nombre d'adhérentes dépasserait les 250 000 : *Rapport sur la Ligue des Femmes Françaises présenté au Congrès Jeanne d'Arc à Paris le 13 mai 1905*.

des souffrances personnelles que leurs différentes conditions sociales leur ont imposées et qui ont trouvé sens à la lumière de leur spiritualité et de leur engagement dans la défense de la foi. Pétries par un catholicisme intransigeant en pleine vigueur depuis les années 1860, elles ont perçu, dans ces persécutions et les malheurs des temps, les signes eschatologiques qui annonçaient une intime connexion entre l'Église et la royauté, entre une croyance religieuse et une opinion politique conservatrice[14].

Souffrances familiales et exigences spirituelles : la bourgeoise Jeanne Lestra

Avec Jeanne Lestra, s'affirme celle qui a pensé la fondation de la LFF, en a défini l'âme puis posé les premières pierres et assuré son élan initial. Née en 1864, dans le Lyon de la soie, d'un père ingénieur chimiste, elle grandit dans un milieu à la « médiocrité dorée », bercée par les idées du catholicisme libéral[15]. Ses souvenirs d'enfance sont pour elle source de bons moments qu'elle se remémore dans une lettre écrite en 1885, à l'heure où elle a fait le choix définitif d'une vie chrétienne d'épouse et de mère. Ils s'achèvent avec le décès de son père en 1874 pour qui elle avait la plus grande affection. Le dernier présent qu'elle conserve de lui est un bénitier offert quelque temps avant sa disparition, lui confiant en quelque sorte la foi comme ultime cadeau.

Désormais, une autre vie commence pour cette jeune femme qui entre de plain-pied dans le monde du catholicisme intransigeant et légitimiste où la retenue et la discrétion côtoient souvent une profonde souffrance. Meurtrie et blessée, c'est cette douleur sourde qui l'amène à écrire un journal intime et spirituel, pendant plus de dix ans (1883-1896), dévoilant son engagement profond au service de sa famille et de la cause religieuse[16]. La tenue d'un tel document, qui résulte d'une pratique assez répandue chez les femmes de la bourgeoisie du XIXe siècle, débute par son mariage en 1883 avec Jean Lestra[17].

---

[14] Hilaire Multon, « Eschatologie, visions du futur et prophétisme (XIXe-XXe siècles). Essai d'historiographie », André Vauchez (dir.), *L'attente des temps nouveaux. Eschatologie, millénarismes et visions du futur*, Turnhout, Brepols, 2002, p. 75-95.

[15] Archives privées Jean Lestra (APJL), Cahier manuscrit *Mon histoire*, 13 décembre 1885. Nous remercions ici Jean Lestra, le petit-fils de la fondatrice, de nous avoir ouvert ses archives personnelles sur la fondation de la LFF.

[16] APJL, *Journal de Jeanne Lestra.* Rédigé une à deux fois par mois, il débute le 31 mai 1883 et s'achève le 10 mai 1896.

[17] *Ibid.*, 26 mars 1885. Michelle Perrot et Georges Ribeill (éd.), *Le journal intime de Caroline B.*, Paris, Montalba, 1985 ; Philippe Lejeune, *Le journal intime, histoire et anthologie*, Paris, Textuel, 2005.

Ce dernier, docteur en droit et avocat, est issu d'une famille de juristes catholiques de la ville[18]. Jean et Jeanne font alors le chemin inverse de la bourgeoisie montante, en s'installant non loin de la place Bellecour, en plein cœur du quartier d'Ainay, illustrant ainsi un rapprochement avec les lieux du catholicisme intransigeant de la ville[19].

Car la foi catholique anime toute la vie de Jeanne. Son mariage est essentiellement animé par des sentiments religieux ; « mon bonheur est grand parce que nous avons les mêmes idées religieuses avec mon cher mari… mais aussi je me trouve bien heureuse quand le matin et le soir nous nous agenouillons tous deux pour faire notre prière… »[20] Cette apparente spiritualité conjugale est relue *a posteriori* de manière différente comme le suggère une annotation de 1893 qui précise : « je me réfugiais dans cette habitude de pratiques pieuses. C'était la grande raison donnée à mon mariage… »[21] Cependant, une annotation ultérieure évoque les premières larmes d'épouse dès les six premiers jours de son mariage. Sa souffrance est déjà intense. La communauté de vue religieuse avec son époux ne semble pas être au rendez-vous tant espéré. Elle souhaite alors une compensation, une réparation et désire engendrer un prêtre[22].

Ses lectures personnelles puisent largement dans la littérature pieuse qu'elle parcourt avec ferveur[23]. Sa piété sensible l'amène à se confesser régulièrement, à faire le mois de Saint-Joseph avec son mari, à monter ensemble le dimanche à Fourvière et à décider que le futur petit portera les couleurs de Marie-Immaculée pendant trois ans[24]. Le regard qu'elle porte sur ces moments de bonheur maternel, semble moins enthousiaste avec le recul du temps puisque des annotations postérieures font état de sa souffrance et de sa solitude dans sa vie de

---

18 *Dictionnaire biographique du Rhône*, Paris, Jouve, 1899.

19 *Indicateur Henry*, 1884, 1888, 1892, 1901 ; Bruno Dumons, « Ainay, le quartier noble et catholique de Lyon ? », *in* Annie Fourcaut (dir.), *La ville divisée. Les ségrégations urbaines en question, France, XVIIIe-XXe siècles*, Grâne, Créaphis, 1996, p. 376-393 ; Bruno Dumons, « Ainay, le quartier « blanc » de Lyon », *in* Bruno Dumons, Hilaire Multon (dir.), *« Blancs » et contre-révolutionnaires en Europe…*, *op. cit.*, p. 105-131.

20 APJL, *Journal de Jeanne Lestra*, août 1883.

21 *Ibid.*

22 *Ibid.*, 3 septembre 1883. Sur son fils Antoine Lestra et son engagement politique : Claudie Brunel, « Antoine Lestra, un catholique social dans la tradition légitimiste », Jean-Dominique Durand (dir.), *Cent ans de catholicisme social à Lyon et en Rhône-Alpes*, Paris, Éditions Ouvrières, 1992, p. 181-185.

23 *Ibid.*, 29 septembre 1883, 15 janvier et 27 avril 1884. Henri Lacordaire, *Vie de Saint-Dominique*, Paris, Debécourt, 1841 ; Félix Dupanloup, *Le mariage chrétien*, Paris, Douniol, 1869. Sur l'œuvre de pédagogue de Mgr Dupanloup : Jacques Gadille et Françoise Mayeur (dir.), *Éducation et images de la femme chrétienne en France au début du XXe siècle à l'occasion du centenaire de la mort de Mgr Dupanloup*, Lyon, L'Hermès, 1980.

24 *Ibid.*, 23 février et 4 mars 1884.

couple. Son mari et son entourage ne semblent pas porter suffisamment attention à ses aspirations religieuses profondes. La bonté de son époux n'est pas suffisante pour elle. Jeanne lui reproche souvent sa faiblesse de caractère mais surtout sa tiédeur religieuse et son absence d'âme de combattant de la foi[25]. Ses souffrances redoublent avec la stratégie anticléricale de la République opportuniste qui développe, au début des années 1880, l'hostilité aux congrégations religieuses, la faveur à l'enseignement laïc et l'adoption de la loi sur le divorce[26].

La vie mondaine et bourgeoise lui semble désormais vaine et futile. Bien que passionnée par la lecture régulière du *Correspondant*, cet organe de haute tenue intellectuelle exprimant les idées du catholicisme libéral, sa vie spirituelle la conduit progressivement vers le catholicisme intransigeant[27]. Désormais, « le Sacré-Cœur et Marie, voilà les deux grandes dévotions de mon âme »[28]. Elle multiplie les pèlerinages à Paray (1884) et à Lourdes (1885) où elle prie avec ferveur pour son fils mais aussi pour « la cité lyonnaise où on a enlevé les croix des cimetières » et cette « pauvre France »[29]. Jeanne a alors la passion de l'étude que son mari ne partage pas. Elle voudrait qu'il fasse de l'économie politique, de l'histoire, etc., qu'il s'intéresse à ses nouvelles lectures, pleines d'esprit catholique et de philosophie contre-révolutionnaire[30].

Ce goût profond pour la lecture se double d'une solitude de plus en plus grande qui l'envahit et qui la fait souffrir. Solitude avec son époux qui semble de plus en plus indifférent malgré son affection. Solitude avec son entourage familial qui ne lui apporte pas toutes les joies espérées[31]. L'attente d'un deuxième enfant l'aide à vivre ses temps difficiles de souffrance familiale de même que les retraites spirituelles et les réunions des Mères chrétiennes qu'elle effectue régulièrement avec les pères jésuites de la résidence de Lyon[32]. Ceux-ci l'orientent vers des lectures spirituelles édifiantes puis la conduisent à offrir et à aimer la souffrance puisqu'elle va même jusqu'à s'infliger des exercices de

[25] *Ibid.*, 12 juin 1884.
[26] *Ibid.*, 31 août 1884.
[27] *Ibid.*, 27 octobre 1885.
[28] *Ibid.*, 27 septembre 1884.
[29] *Ibid.*, 27 septembre 1884, 26 et 31 mars 1885.
[30] *Ibid.*, 22 juillet 1885 et 20 août 1886 ; Maxime Du Camp, *La charité privée à Paris*, Paris, Hachette, 1885. Elle se fait offrir pour sa fête les œuvres complètes de Joseph de Maistre.
[31] *Ibid.*, 16, septembre 1884, 11 mai, 5 juin, 30 juin, 8 octobre 1885 et 28 mars 1886.
[32] *Ibid.*, 28 février, 7 avril 1886, 24 janvier 1888 et 26 janvier 1889 ; Bruno Dumons, « Jésuites lyonnais et catholicisme intransigeant (1880-1950) », *in* Étienne Fouilloux, Bernard Hours (dir.), *Les jésuites à Lyon (XVI*e*-XX*e *siècles)*, Lyon, ENS Éditions, 2005, p. 131-143.

mortification comme le port d'une corde qui l'écorche[33]. Les événements politiques lui apportent également son lot de souffrances, comme la loi du 22 juin 1886 qui prononce l'expulsion du comte de Paris sur qui « tout le monde compte pour sortir la France de l'abîme »[34]. Elle souhaite que son mari « ait le feu sacré, qu'il s'occupe de la France », bref qu'il s'engage en politique et qu'il s'affirme comme un « chrétien vaillant et fort »[35].

Sous l'influence des pères jésuites et des élites lyonnaises du catholicisme intransigeant, c'est un véritable refus du monde auquel elle procède, en particulier celui du bourgeois voltairien où règnent l'ostentation, le luxe et les plaisirs[36]. Ses enfants et sa vie spirituelle sont désormais ses seules préoccupations. Ses lectures témoignent de son évolution vers une âme de chouan[37]. Le livre est alors un univers dans lequel elle tente de se réfugier et de trouver des consolations à sa vie familiale qu'elle juge amèrement à l'approche de ses dix ans de mariage[38]. Son journal intime s'achève sur ce constat d'une existence morne, parsemée de douleurs familiales, laissant un goût amer d'inachevé :

> « Que de souffrances, que désillusions, que de peines… Même en voyage de noces, j'étais déjà désillusionnée et très douloureusement étonnée. Malgré l'intimité du cœur, de l'âme et de l'intelligence complètement nulle entre Jean et moi, malgré l'avenir sombre et toutes les croix qui m'ont été envoyées, merci mon Dieu, merci de m'avoir donné mes enfants… *Ad Majorem Dei Gloriam.* »[39]

Dès lors, Jeanne Lestra ne se fait plus d'illusion sur sa vie conjugale comme source de son bonheur. Elle offre ainsi sa vie à l'Église, en lui confiant ce qu'elle a de plus cher, à savoir son fils qu'elle offre à la Compagnie de Jésus. Malheureuse dans son mariage qu'elle aurait voulu plus intense et davantage spirituel, Jeanne est désormais prête pour se donner totalement à une action pleine de dynamisme et de ferveur, celle du combat en faveur de la défense religieuse. À l'heure où la nation s'éloigne de « l'esprit nouveau » pour sombrer dans la querelle des « deux France », Jeanne entre en politique à la suite d'intenses

---

33 *Ibid.*, 7 avril et 8 août 1886.

34 *Ibid*, 26 juin 1886.

35 *Ibid*, 10 avril 1887.

36 *Ibid*, 16 mai 1893 ; Catherine Pellissier, *Loisirs et sociabilités des notables lyonnais au XIXe siècle*, Lyon, ELAH-PUL, 1996, p. 151.

37 *Ibid.*, 10 février 1891. Louis Baunard, *Le général de Sonis*, Paris, Poussielgue, 1890.

38 *Ibid.*, 12 juin 1892.

39 *Ibid.*, 10 mai 1896.

souffrances personnelles et spirituelles. La rencontre avec son directeur spirituel, le père jésuite Antonin Eymieu, constitue une révélation, permettant d'imaginer une initiative de femmes catholiques en politique[40].

Les souffrances de l'exil et de la persécution : le jésuite Antonin Eymieu

Deuxième personnage d'importance à avoir participé à la fondation de la LFF, il s'agit du jésuite Antonin Eymieu, directeur de conscience de Jeanne Lestra au cours de l'année 1901. Il s'affirme comme un héritier direct de la tendance intransigeante des « Pères du Midi ». Doté d'une réelle stature intellectuelle, il va exercer, lors de son passage à Lyon, une influence profonde tant parmi les élèves du collège Saint-Joseph qu'auprès de leurs propres mères. La souffrance suscitée par l'exil des maisons de formation dès son entrée dans la Compagnie en raison des décrets de 1880, l'amène à concevoir une action de défense des établissements d'enseignement sur le terrain du politique qu'il envisage avec le concours de grandes dames catholiques puisque ce sont elles qui ont en charge la mission éducative du foyer.

Originaire de la Drôme rurale, aux portes du Midi « blanc » et à proximité de l'enclave pontificale de Valréas, Antonin Eymieu est né en 1861 dans une famille catholique modeste de propriétaires exploitants. Visiblement doué, il entre en 1879 au grand séminaire de Romans que dirigent les pères jésuites, pour embrasser une vocation sacerdotale dans la Compagnie[41]. Immédiatement, il connaît les souffrances de l'exil. Transféré à Sidmouth en Angleterre, le noviciat de la Province de Lyon l'accueille en 1880 à l'heure de la dispersion. Ballotté entre la France et l'Angleterre, il poursuit ses études de théologie tout en exerçant des fonctions de surveillant dans les collèges d'Avignon et de Mongré, véritables pépinières de « blancs » contre-révolutionnaires, perpétuant l'expérience fribourgeoise[42]. C'est ensuite entre Saône et Rhône qu'il se

[40] Sur la rencontre de Jeanne Lestra avec le père Eymieu : Bruno Dumons, « Entrer en politique pour accomplir sa vie. Itinéraire d'une bourgeoise catholique lyonnaise : Jeanne Lestra et la Ligue des Femmes Françaises (1901-1914) », dans Évelyne Diebolt et Christine Douyère-Demeulenaere (dir.), *Un siècle de vie associative : quelles opportunités pour les femmes ?*, Paris, Femmes et Associations, 2002, p. 19-36.

[41] Joseph Ferchat, *Le père Eymieu*, Paris, Perrin, 1936, p. 19 ; Paul Duclos (dir.), *Dictionnaire du monde religieux de la France contemporaine*, vol. 1, Paris, Beauchesne, 1985, p. 110-111.

[42] Bruno Dumons « Exils jésuites, réseaux romains et mémoires "blanches". La naissance d'une fraternité politique au collège Saint-Michel de Fribourg (1827-1847) », *Schweizerische Zeitschrift für Religions und Kulturgeschichte*, 2012, p. 57-70 ; Bruno

fixe, de 1898 à 1908, où il se fait connaître par ses conférences et ses directions spirituelles. Au service de l'externat Saint-Joseph, situé dans le quartier aristocratique et traditionnel d'Ainay, on lui confie la responsabilité d'œuvres de jeunesse[43]. Ces vingt premières années passées dans la Compagnie ont ainsi engendré chez ce jeune jésuite bien des souffrances personnelles, qu'il s'agisse des exils successifs en Angleterre et des nombreuses difficultés rencontrées par les collèges à la fin du XIXe siècle.

Immergé dans cet espace clos du catholicisme lyonnais, le père Eymieu se révèle comme un personnage très influent auprès des âmes sensibles qu'il dirige en confession, pétri d'intransigeance catholique et de ressentiments contre-révolutionnaires[44]. Comme beaucoup de prédicateurs et de directeurs spirituels, il contribue à façonner la vision du monde des élites catholiques auxquelles il s'adresse, en particulier les dames de ce quartier d'Ainay[45]. Il s'agit probablement là de son ministère le plus fécond[46]. Dans le contexte difficile des années 1900-1901 pour la Compagnie, son « âme de feu et de lumière » le pousse rapidement vers la stratégie de l'action politique par l'intermédiaire des personnes qu'il rencontre dans le secret des confessionnaux. Il exhorte également ses fidèles auditoires à mener le combat contre l'impiété en recourant à la fois à des thèmes nationalistes et à la spiritualité victimale du Sacré-Cœur[47]. La police de la Sûreté Générale le considère en 1902 comme « un des jésuites les plus dangereux qui soient actuellement en France » tandis que les instances romaines de la Compagnie reconnaissent son rôle d'éminence grise auprès de la LFF[48].

Dumons, « Fraternités politiques en Provence "blanche". Les élèves du collège jésuite Saint-Joseph d'Avignon (1849-1939) », Colloque international *« Fraternités politiques »*, École Française de Rome, 10-12 mai 2012, (à paraître).

43 *Catalogus Sociorum et Officiorum Provinciæ Lugdunensis Societatis Iesu*, 1901, p. 82.

44 Antonin Eymieu, *Païens*, Lyon-Paris, Vitte, 1905, p. 38 ; Antonin Eymieu, *Visions d'espoir*, Lyon-Paris, Vitte, 1905, p. 192 et 209, p. 199-203, p. 205-206.

45 Joseph Ferchat, *Le père Eymieu*, *op. cit.*, p. 199-231 ; *Lettres de Fourvière*, 1936, vol. 1, p. 220-221 ; Bruno Dumons, « Prédicateurs et directeurs spirituels des élites catholiques lyonnaises (1890-1950) », *Revue historique*, juil.-sept. 1994, n°591, p. 95-122.

46 Joseph Ferchat, *Le père Eymieu*, *op. cit.*, p. 43 ; Antonin Eymieu, *Le gouvernement de soi-même, essai de psychologie pratique*, Paris, Perrin, 1906-1910 ; *Lettres de Fourvière*, 1936, vol. 2, p. 370-372.

47 Antonin Eymieu, *Vive le Christ qui aime les Francs*, Lyon, Paquet, 1900 ; Antonin Eymieu, *Le XXe siècle au Sacré-Cœur*, Lyon, Paquet, 1901. Sur la dévotion au Sacré-Cœur : Jacques Benoist, *Le Sacré-Cœur et les femmes de 1870 à 1960*, Paris, L'Atelier, 2000 ; Raymond Jonas, *France and the Cult of the Sacred Heart. An Epic Tale for Modern Times*, Berkeley, University of California Press, 2000.

48 Joseph Ferchat, *Le père Eymieu*, *op. cit.*, p. 47 et 261. Archivum Romanum Societatis Iesu (ARSI), (Rome), *Registri Provinciæ Lugdunensis*, vol. IX, (1905-1921), Lettre du préposé général (Rome) au R. P. provincial Marius Bouillon (St Leonards-on-Sea),

Les contraintes que les mesures anticléricales ont imposées à la Compagnie ont donc causé de profondes souffrances personnelles au père Eymieu qui l'ont ainsi conduit à se déterminer en faveur d'une action sur le terrain politique.

Souffrances et révoltes nobiliaires : la comtesse de Saint-Laurent

Le troisième acteur déterminant dans la fondation de la LFF se trouve être la comtesse Octavie Thomas de Saint-Laurent. Avec elle, ce sont les réseaux de la noblesse légitimiste de la Provence et du Lyonnais qui sont activés et les sentiments communs de souffrances vécues par les familles de l'armorial de France qui sont sollicités. Née près de Vienne en 1845, elle est issue de la famille Bolot d'Ancier, vieille noblesse comtoise installée dans l'industrie givordine du verre et propriétaire du château de Montlis, sur la commune de Saint-Cyr-sur-Rhône[49]. Son père mène une vie d'industriel et de rentier, entre travail et oisiveté, à la fois d'entrepreneur et de châtelain.

À vingt-trois ans, Octavie épouse, en 1868, Henri Thomas de Saint-Laurent, de noblesse pontificale, dont la famille possède des terres à la Bastide d'Engras, situées à une dizaine de kilomètres, au nord d'Uzès, dans les garrigues provençales du Midi « blanc »[50]. Contrairement à ses aïeuls, il n'embrasse pas la carrière militaire mais celle de l'industrie. Cet ingénieur des Ponts et Chaussées entre au service de la société anonyme des Houillères de Rochebelle, près d'Alès, puis en prend la direction, dont le siège est fixé à Lyon[51]. Face aux grèves de 1906, il se

---

10 juillet 1902. Ce document nous a été aimablement communiqué par Philippe Rocher.

[49] Jules et Léon Gauthier, *Armorial de Franche-Comté*, Paris, Champion, 1911, p. 2 et 108 ; Étienne Abeille, *Histoire de Givors*, Lyon, Brun, 1912, p. 244-245 ; Claude-Isabelle Brelot, *La noblesse réinventée. Nobles de Franche-Comté de 1814 à 1870*, t. 1, Paris, Belles Lettres, 1992, p. 194-195, 397, 399, 571, 574 et 582.

[50] Lionel d'Albiousse, *Les Fiefs nobles du château ducal d'Uzès*, Uzès, Malige, 1906, p. 371-372 ; Notice « Thomas de Saint-Laurent », dans Étienne de Sereville et Fernand de Saint-Simon, *Dictionnaire de la noblesse française*, Paris, Société française au XXe siècle, 1975-1977. Sur la famille Thomas de Saint-Laurent : Micheline Andrieu, *Le Grand Joseph ou le rôle d'un chef de famille avignonnaise au XVIIIe siècle au travers de sa correspondance*, maîtrise, Université Aix I, 1980 ; Marcel Paris, *Une Place forte. La Bastide d'Engras. Un village de l'Uzège dans la haute vallée de la Tave des origines à nos jours*, s. l., s. e., 1991, p. 51 et s., 94, 109 et 118.

[51] Sur les Houillères de Rochebelle : *Nîmes et le Gard*, t. 2, Nîmes, La Laborieuse, 1912, p. 173-180.

montre un patron autoritaire, peu enclin à la négociation, proche du député royaliste de la circonscription, Fernand de Ramel[52].

Le mariage est fécond. Il donne naissance à sept enfants. Les quatre filles effectueront de belles alliances avec les meilleures familles de l'armorial de France tandis que les trois garçons ne contracteront pas de mariage. Cette branche des Thomas de Saint-Laurent restera donc sans postérité. Il s'agit là d'une véritable souffrance que la comtesse de Saint-Laurent portera toujours comme une croix. L'activité professionnelle d'Henri mène rapidement le jeune couple à s'installer à Lyon, en plein cœur du quartier d'Ainay. La comtesse de Saint-Laurent s'y fait vite connaître et ouvre un salon très fréquenté par les tenants de la légitimité[53]. Ses relations familiales lui offrent un réseau actif d'amitiés et de contacts dans les milieux monarchistes de la France méridionale.

La comtesse de Saint-Laurent et ses enfants appartiennent donc, par leurs origines familiales et les alliances contractées, à ces milieux nobiliaires qui ont investi dans l'industrie et les affaires, leur permettant de garder leur rang et d'éviter le déclassement. Ils n'ont cependant pas rompu avec la vieille culture légitimiste et traditionnelle du Midi « blanc »[54]. Ils s'y réfèrent même explicitement. La comtesse de Saint-Laurent puise d'ailleurs largement sa conception du monde dans cet univers où l'engagement et l'honneur constituent des valeurs hautement nobiliaires parmi lesquelles se distingue le combat politique, expression privilégiée des souffrances cumulées au cours du siècle et de la vocation sacrificielle des noblesses[55]. La comtesse de Saint-Laurent entretient cette culture politique en recevant chez elle les grands noms du légitimisme de la capitale des Gaules. Son salon ne diffère en rien des pratiques employées par les grandes bourgeoises parisiennes du

---

52 Sur la tradition royaliste de ces régions minières : Roland Andréani, « Milieux d'Action française et Camelots du Roi dans le Gard avant 1914 », *Actes du 96ᵉ congrès national des sociétés savantes,* Toulouse, 1971, t. 1, Paris, BN, 1976, p. 260-263.

53 *Tout-Lyon Annuaire*, 1902.

54 Sur les traditions politiques du Midi « blanc » : Gérard Gaudin, « Chez les Blancs du Midi : du légitimisme à l'Action Française », *Études Maurassiennes*, 1972, p. 59-70 ; Brian Fitzpatrick, *Catholic Royalism in the Department of the Gard (1814-1852)*, Cambridge, Cambridge UP, 1983 ; Pierre Gourinard, « Fidélité et clientèles dans le monde ultra et légitimiste du Gard et du Vaucluse (1814-1883) », *Fidélités, solidarités et clientèles*, t. 11, Nantes, Université de Nantes, 1985, p. 225-238 ; Philippe Secondy, *La persistance du Midi blanc, l'Hérault (1789-1962)*, Perpignan, PUP, 2006 ; Gérard Gaudin, « L'Action française en Provence », Michel Leymarie et Jacques Prévotat (dir.), *L'Action française. Culture, société, politique*, Villeneuve d'Ascq, PU Septentrion, 2008, p. 257-266 ; Bernard Rulof, « Wine, friends and royalist popular politics. Legitimist associations in mid-nineteenth-century France », *French History*, 2009, 23, p. 360-382.

55 Claude-Isabelle Brelot, « La noblesse au pied de la croix : oisiveté, loisir, ... sacrifice ? », *Mélanges offerts à Robert Sauzet. Foi, fidélité, amitié en Europe à la période moderne*, Tours, PU de Tours, 1995, p. 285-286.

XIXe siècle qui utilisaient le leur comme un espace de sociabilité républicaine[56]. S'y pressent des dames « bien nées » mais aussi quelques messieurs chargés de proclamer la bonne parole monarchiste comme Charles Jacquier et Pierre Ravier du Magny, Auguste Rivet et Emmanuel Lucien-Brun, avocats et professeurs à l'Université catholique[57]. Ce salon acquiert une réputation à Lyon, s'apparentant à un exutoire des souffrances véhiculées par les mémoires des noblesses et un espace de contestation où la virulence du propos se mêle au « devoir de révolte » des cercles nobiliaires[58].

Finalement, la rencontre de ces trois personnages au cours de l'année 1901 sera celle de plusieurs souffrances, profondes et silencieuses, tout à la fois personnelles et collectives. Ce cumul de souffrances fait écho aux autres itinéraires vécus par de nombreuses femmes du monde à la fin du XIXe siècle, les conduisant à s'engager dans la LFF. Celles-ci puiseront aux sources théologiques et spirituelles du catholicisme tridentin, concevant la souffrance individuelle et collective comme des épreuves salvatrices que le pénitent doit endurer tout au long de sa vie. De telles conceptions viendront nourrir une vision du monde commune au sein de laquelle de véritables chemins de croix, parsemés de souffrances multiples et d'échecs divers, se transforment en itinéraires rédempteurs et sacrificiels. Il y a un terreau essentiel pour l'éclosion de la culture politique « blanche », qu'il convient désormais d'explorer avec précision et méthode au même titre que la « bleue » ou la « rouge ».

Jeanne Lestra et la comtesse de Saint-Laurent comme beaucoup d'autres dames du catholicisme intransigeant ont donc fait l'expérience commune d'un engagement en politique à l'occasion des élections législatives de 1902 en adhérant à la LFF. Cet acte public de femmes, souvent vouées aux tâches quotidiennes de la sphère privée bourgeoise, résulte d'une cristallisation de souffrances vécues à la fois concrètement

---

56 Sylvie Aprile, « La République au salon, vie et mort d'une forme de sociabilité politique (1865-1895) », *Revue d'histoire moderne et contemporaine*, oct.-déc. 1991, p. 473-487 ; Anne Martin-Fugier, *Les salons de la Troisième République*, Paris, Perrin, 2003.

57 Archives départementales du Rhône, 4 M 301, Renseignements du commissariat spécial sur la comtesse de Saint-Laurent, 12 avril 1907 ; Pierre Ravier du Magny, *Charles Jacquier, l'éloquence faite homme (1845-1928)*, Lyon, Vitte, 1930 ; Bruno Dumons, « Jurisconsultes et professeurs de droit à l'Université Catholique de Lyon. Réseaux sociaux et cultures politiques (1870-1940) », dans Jean-Christophe Gaven et Frédéric Audren (dir.), *Les facultés de droit de province aux XIXe et XXe siècles*, t. 3, Toulouse, Presses de l'Université Toulouse 1 Capitole, 2011, p. 43-58.

58 Arlette Jouanna, *Le devoir de révolte. La noblesse française et la gestation de l'État moderne (1559-1661)*, Paris, Fayard, 1989.

dans les itinéraires personnels et parfois en résonance d'une mémoire transmise par les générations antérieures appartenant à une même communauté familiale ou un groupe social homogène. S'entrecroisent ici une histoire des femmes et du genre en politique avec une histoire des sensibilités collectives des catholiques français au XIXe siècle, s'inscrivant ainsi aux interfaces de l'historiographie du social, du politique et du religieux. Lucien Febvre appelait déjà de ses vœux en 1941 à un tel croisement des champs de la discipline historique, en particulier sur les articulations entre l'individuel et le collectif dans le domaine des représentations[59].

[59] Lucien Febvre, « La sensibilité et l'histoire », *Annales d'histoire sociale*, 1941, t. XIII, p. 5-20 ; Lucien Febvre, *Combats pour l'histoire*, Paris, Colin, 1965, p. 221-238.

Pouvoir politique contre pouvoir médiatique : les procès Chaumié et Humbert contre *Le Matin* (1907-1908)

Dominique Pinsolle
Docteur et agrégé d'histoire
Chargé de cours à l'université Bordeaux III
Centre d'études des mondes moderne et contemporain – Université Bordeaux III
d.pinsolle arobase yahoo.fr

Le Matin (1884-1944), l'un des quatre plus grands quotidiens d'information français de la première moitié du XXe siècle, est dirigé à partir de 1903 par le légendaire Maurice Bunau-Varilla (1856-1944), homme d'affaires sans scrupules qui a fait fortune grâce aux chantiers du canal de Panama[1]. Ce dernier, connu pour sa

[1] Sur l'histoire du *Matin*, voir Dominique Pinsolle, *De Panama à Sigmaringen.* Le Matin*, les Affaires et la Politique (1884-1944)*, thèse de doctorat d'histoire sous la direction de

vénalité et sa mégalomanie, fait trembler parlementaires, ministres et chefs d'État : la puissance que lui confère son journal l'a transformé en un maître chanteur redoutable, qui suscite autant la peur que le mépris chez ses contemporains. Celui que l'on surnomme l'Empereur de la Maison rouge (dénommée ainsi à cause de la couleur des immeubles du journal, boulevard Poissonnière) est persuadé que son fauteuil « vaut trois trônes » et que son pouvoir est sans limite. Non sans raison : le roi des Belges lui-même finit par céder à ses exigences, après une célèbre campagne menée par *Le Matin* en 1904.

Rapidement, la tyrannie que Bunau-Varilla prétend exercer devient intolérable aux yeux de ceux qu'elle menace. La dénonciation d'une puissance occulte devant laquelle les gouvernants et les représentants de la nation courbent la tête devient monnaie courante. La tension atteint son paroxysme en 1907-1908, lorsque Joseph Chaumié, sénateur du Lot-et-Garonne, et Charles Humbert, sénateur de la Meuse, victimes de campagnes calomnieuses, intentent un procès au *Matin*. Les deux affaires, qui font grand bruit, sont symptomatiques des relations que le monde politique entretient alors avec la presse et révèle en quoi le « quatrième pouvoir » que *Le Matin* prétend incarner est, certes, très puissant, mais est également soumis à un certain nombre de contraintes qui limitent sa marge d'action.

Maurice Bunau-Varilla est effectivement parvenu à se faire respecter en usant de l'influence que lui procure son journal. Les hommes politiques, de leur côté, font généralement tout pour ne pas contrarier le patron de la Maison rouge, qu'ils savent particulièrement irascible et orgueilleux. S'instaure ainsi un système de « donnant-donnant » qui permet au *Matin* de bénéficier de protections politiques, et à certains membres du personnel de la IIIe République de la bienveillance de l'un des quatre plus grands quotidiens français. Mais le pouvoir de vie et de mort symbolique que *Le Matin* exerce s'avère bien trop excessif pour continuer à être toléré. Les procès qui opposent les sénateurs Chaumié et Humbert à Maurice Bunau-Varilla révèlent ainsi à la fois les pratiques d'une certaine presse avide de pouvoir et les limites que cette dernière doit malgré tout respecter pour que l'équilibre entre pouvoir médiatique et pouvoir politique soit préservé. Plus globalement, ces deux affaires sont la conséquence du choc entre l'extension du pouvoir de la grande presse populaire depuis l'adoption de la loi de

---

Christophe Bouneau, 2 vol., Université Bordeaux III, 2010, parue sous le titre *Le Matin. Une presse d'argent et de chantage (1884-1944)*, Rennes, PUR, 2012.

1881 et la volonté du monde politique de mettre fin à ce qu'il considère comme de dangereuses dérives.

La vengeance d'un patron de presse « trahi »

Les relations que le patron du *Matin* entretient avec ceux qui sont devenus ses plus farouches adversaires ne sont, au départ, absolument pas problématiques. Joseph Chaumié (1849-1919), sénateur du Lot-et-Garonne à partir de 1897, ministre de l'Instruction publique et des Beaux-arts de 1902 à 1905 puis ministre de la Justice jusqu'en mars 1906, bénéficie de la bienveillance du journal en n'allant pas à l'encontre des intérêts de son patron. Il est présent, par exemple, à la fête de l'Enseignement patronnée par *Le Matin*, le 19 juin 1904. Le capitaine Charles Humbert (1866-1927), officier d'ordonnance du ministre de la Guerre chargé des rapports avec la presse, est, quant à lui, un proche de Maurice Bunau-Varilla. Ce dernier, qui rencontre Humbert en juillet 1901, s'intéresse à lui car il souhaite publier les fiches concernant les opinions politiques et religieuses des officiers[2]. En 1902, Humbert est contraint de démissionner, après avoir protesté contre le système des fiches. Immédiatement, Bunau-Varilla prend sa défense et permet à l'ancien capitaine d'être nommé percepteur à Paris[3]. En 1904, Humbert est finalement embauché au *Matin*, dont il devient le secrétaire général en janvier 1905. Protégé de Bunau-Varilla, il est le maître d'œuvre de son programme, comme en témoigne le rôle qu'il joue dans l'organisation de la Marche de l'Armée et des diverses fêtes patronnées par *Le Matin*, ou encore dans les relations que le journal entretient avec la Mutualité. Jusqu'en 1906, les relations entre le patron du *Matin* d'une part, et Chaumié et Humbert d'autre part, sont au beau fixe. Mais les affronts que les deux hommes font subir à Bunau-Varilla déchaînent la colère de ce dernier, qui utilise aussitôt *Le Matin* pour lancer des campagnes particulièrement violentes.

Chaumié, tout d'abord, a le malheur de contrarier l'Empereur de la Maison rouge à plusieurs reprises. En tant que ministre de l'Instruction publique, il n'accepte pas l'organisation d'une Marche des Lycées. Peu de temps après, devenu ministre de la Justice, il refuse de donner à Bunau-Varilla les bonnes feuilles du réquisitoire introductif du second procès Dreyfus, puis refuse de nommer le juge de paix soutenu par le

---

[2] Jean Bitchakdjian, *Charles Humbert sénateur de la Meuse : presse, affaires, problèmes militaires sous la Troisième République, 1900-1920*, thèse de doctorat d'histoire sous la direction de Jean-Marie Mayeur, Université Paris-Sorbonne, 1988, p. 41.

[3] Archives Nationales [AN], 18 AR 3, *L'honneur d'un officier. Charles Humbert. 1902-1904*, brochure rédigée par Maurice Bunau-Varilla, mars 1904, 22 p.

patron du *Matin*. Enfin, il ne destitue pas le juge et le procureur poursuivant *Le Matin* pour le vol de documents qui auraient dû rester confidentiels[4]. Humbert, quant à lui, songe à commencer une carrière politique au printemps 1906. Même si Bunau-Varilla n'est pas très favorable à ce que ce dernier acquière une trop grande indépendance, il accepte de le soutenir lors de sa candidature dans la Meuse contre le colonel Rousset. Le patron de la Maison rouge déteste le député Rousset, qui a non seulement critiqué à la Chambre la Marche de l'Armée organisée par *Le Matin* en 1904, mais a, en outre, osé publier dans *Le Courrier verdunois* un article d'Henri Rochefort le traitant de « fripouille », le 7 janvier 1906[5]. La victoire d'Humbert, le 6 mai 1906, est aussi celle de Bunau-Varilla, qui se venge indirectement de celui qui l'a humilié quelques mois plus tôt. Mais Humbert n'a pas pour objectif de contenter son patron. Il quitte même immédiatement *Le Matin* pour rejoindre – affront suprême – son concurrent direct, *Le Journal*, et entend bien devenir patron de presse[6].

Qu'il s'agisse de Chaumié ou de Humbert, la réaction de Bunau-Varilla est la même : *Le Matin* doit ruiner la carrière de ces deux hommes. Gustave Téry est chargé d'ouvrir les hostilités contre Chaumié. Le 5 novembre 1906, *Le Matin* publie en « une » un article particulièrement haineux intitulé « Le vrai coupable », qui accuse l'ancien ministre de népotisme à l'occasion de l'affaire Saint-Aubin[7], présenté comme « un ami des Chaumié ». Joseph Chaumié, assure Téry, a fait venir à Paris une « immense clientèle grouillante et famélique, accourue d'Agen ou des alentours à la curée de la République » ; c'est « un chef de tribu, pour ne pas dire un chef de bande ». Le ton est pamphlétaire :

> « On ne dit pas Chaumié, comme on dit Clemenceau, comme on dit Jaurès ; on dit "les Chaumié", avec un dégoût mêlé d'effroi, comme on dit les cancrelats et les punaises… Qu'est-ce, en effet, que ce Chaumié ? En soi, ce n'est qu'un sénateur falot, à la face molle et nulle, personnage sans personnalité qui n'aurait jamais rien eu de remarquable, s'il ne s'était appliqué sur le tard à se faire la tête d'un Paul de Kock[8] constipé. »

---

4 François-Ignace Mouthon, *Du bluff au chantage. Les grandes campagnes du* Matin, Paris, Pauwels, 1908, p. 40.

5 AN, 18 AR 3, Bunau-Varilla à Humbert, janvier 1906.

6 Jean Bitchakdjian, *Charles Humbert sénateur de la Meuse*, *op. cit.*, p. 96.

7 Saint-Aubin, directeur des affaires criminelles et des grâces au ministère de la Justice, est alors accusé d'avoir protégé les fraudeurs de la région du Midi.

8 Paul de Kock (1793-1871) était un écrivain français auteur de nombreux romans et pièces de théâtre à succès.

La campagne contre Humbert, quant à elle, commence en mars 1908. L'ancien capitaine a publié, en 1907, un ouvrage critiquant la politique française en matière de défense intitulé *Sommes-nous défendus* ?[9] Suite à sa traduction en Allemand, Humbert est aussitôt accusé de trahison par *Le Matin*[10]. De plus, le journal affirme qu'il est impliqué dans l'affaire Rochette[11], en expliquant que le sénateur de la Meuse[12] a trafiqué son influence tantôt au profit de l'escroc (présenté comme son associé), tantôt contre lui afin de le faire maintenir en prison pour empêcher ses révélations et faire disparaître des traces compromettantes.

Chaumié traqué, *Le Matin* acculé

Chaumié est le premier homme politique à s'opposer frontalement à Maurice Bunau-Varilla en poursuivant Téry et *Le Matin* devant la Cour d'assises du Lot-et-Garonne, en janvier 1907[13]. Téry réplique en traitant l'ancien ministre, sénateur-maire d'Agen, de « lâche », car il ne s'est pas adressé à un jury parisien. Peu importe, conclut le journaliste car « c'est le grand procès du favoritisme que *Le Matin* veut instruire », et, dans ce combat, avait-il annoncé le 6 novembre, « la France est avec nous ». Bunau-Varilla a besoin de preuves. Il envoie à Agen un rédacteur, Jules Barthélemy, pour établir la liste des témoins à citer lors du procès. Sur place, Barthélemy se fait passer pour un représentant de commerce ou un inspecteur d'assurances afin d'obtenir les renseignements demandés par Téry. Il bénéficie de l'aide de plusieurs habitants d'Agen, prêts à l'aider à condition d'être rémunérés. Par courrier, Téry explique très précisément à Barthélemy en quoi consiste sa tâche : établir une fiche de renseignements sur chaque juré, étudier les circonstances dans lesquelles un professeur de piano d'Agen a été décoré de la Légion d'Honneur, obtenir des informations sur les deux avocats de Chaumié, enquêter sur la

---

9 Charles Humbert, *Sommes-nous défendus ?*, Paris, Juven, 1907.

10 Sur cette campagne voir Antoine Sabbagh, « Trahisons à la une », dans Christian Delporte, Michael Palmer et Denis Ruellan (dir.), *Presse à scandale, scandale de presse*, Paris, L'Harmattan, 2001, p. 183-195.

11 L'affaire Rochette éclate en 1907 lorsque Clemenceau, président du Conseil, fait ouvrir une enquête sur l'escroc financier Henri Rochette, soupçonné d'avoir bénéficié de protections en haut lieu.

12 Charles Humbert est député du 6 mai 1906 au 30 janvier 1908, puis sénateur jusqu'au 10 janvier 1920.

13 Pour un récit du procès, voir Jacques Miramende, « Un grand procès à Agen : le sénateur Joseph Chaumié contre *Le Matin* (1907) », *Revue de l'Agenais*, 1987, n°54, p. 363-368.

nomination suspecte de deux juges de paix. La liste s'allonge de jour en jour. Barthélemy raconte :

> « Il fallait tout apprendre, tout savoir sur les moindres incidents ayant un caractère scandaleux et qui pouvaient avoir une répercussion fâcheuse sur M. Chaumié. Aux notes à fournir sur les nominations de magistrats et sur les décorations accordées par le garde des Sceaux, venaient se greffer des empoisonnements […], des révocations de petits employés, des affaires de mœurs. »[14]

Le témoignage de Chaumié lors du procès Humbert confirme les propos de Barthélemy :

> « Pendant les deux ou trois mois qui se sont écoulés avant la première séance de la Cour d'assises, lorsque j'allais à Agen, je ne pouvais pas sortir de ma maison sans voir se détacher de l'angle quelqu'un qui me filait. […] [L]orsque je m'arrêtais avec quelqu'un, comme on voulait savoir quelles étaient mes relations, immédiatement apparaissait une personne porteur d'un instrument photographique ; j'entendais le déclic : j'étais pris. […] [O]n venait me rapporter que chez les personnes qui avaient pu être mes adversaires politiques, chez les personnes avec qui je pouvais avoir des relations, on venait faire des enquêtes ; j'étais soumis à un espionnage de chaque heure. »[15]

Barthélemy finit par trouver un témoin intéressant : La Robertie, ancien sous-préfet, qui est prêt à expliquer qu'il a fait le jeu du fils Chaumié aux dernières élections pour une place de percepteur à Paris. Mais le dossier, qui ne contient aucune révélation importante, reste mince. L'espion du *Matin* commence à paniquer et craint d'être renvoyé à cause de son incompétence[16].

Pendant ce temps, la campagne contre l'ancien ministre continue dans *Le Matin*. Le 15 février 1907, Gustave Téry écrit un nouvel article, illustré par deux photographies placées côte à côte : un portrait de Chaumié, et un autre du roi cambodgien Sisowath[17], avec pour légende : « Une ressemblance qui explique comment M. Chaumié s'est fait une conception nègre de la politique ». Le ministre « surnommé Double-Face, parce qu'il ressemble d'un côté à Paul de Kock et de l'autre à Sisowath », est à nouveau accusé d'avoir choisi Agen parce

---

[14] Cité dans François-Ignace Mouthon, *Du bluff au chantage*, *op. cit.*, p. 54-55.

[15] AN, F7 13951, *Le Journal*, 27 juin 1908.

[16] François-Ignace Mouthon, *Du bluff au chantage*, *op. cit.*, p. 60-64.

[17] Sisowath est roi du Cambodge de 1904 à 1927.

que les magistrats du tribunal et de la cour font partie de ses amis ; ils figurent même sur la liste des témoins établie par *Le Matin*. Malgré les maigres résultats de l'enquête menée sur place, la campagne fait son effet : Barthélemy assure à Téry que « Chaumié est effondré. »[18]

Après six semaines d'enquête, Barthélemy retourne à Paris et transmet à Téry la liste des accusations que *Le Matin* pourra utiliser contre l'ancien ministre. Le problème est qu'aucune n'est vraiment susceptible de le faire condamner. De plus, le jury est favorable à ce dernier. Quant aux témoignages sur lesquels *Le Matin* espère s'appuyer, ils ne sont en rien déterminants. Jules Madeline, président du conseil d'administration du *Matin*, demande donc que le procès soit reporté, arguant du fait que les jurés sont cités comme témoins. Grâce à ce pourvoi en cassation, il obtient un délai de trois mois. Afin de trouver un fait accablant garantissant la condamnation de Chaumié, *Le Matin* fait appel, en mai 1907, à un agent privé du nom de Chauchat, que Barthélemy est chargé d'assister. L'enquête traîne. Lors de la seconde audience, *Le Matin* tente, en vain, de faire en sorte que la cour soit considérée comme incompétente pour juger l'affaire. Son appel étant rejeté par la Cour de cassation, l'affaire revient devant la cour d'Agen pour la troisième fois en août 1907. Chaumié accable une nouvelle fois le journal de Bunau-Varilla :

> « Pourquoi m'attaque-t-on ? C'est qu'on a une raison dominante pour m'attaquer ! Il faut, par-dessus ma tête, faire peur aux autres. Ah ! il y a eu un ministre qui nous a résisté, eh bien, nous le poursuivrons, nous le torturerons. Ce sera un exemple ! Ainsi, nous nous vengerons et, en même temps, nous montrerons à ceux qui tenteraient de nous résister à l'avenir, ce qu'il en coûte de résister au *Matin* ! Ce n'est pas moi que l'on poursuit, messieurs. On poursuit celui qui n'a pas chanté afin de mieux faire chanter les autres. »[19]

Chaumié gagne le procès, mais *Le Matin* fait à nouveau appel.

Le procès Humbert : *Le Matin* jugé en place publique

Avant même que l'affaire ne soit terminée, Humbert, sûrement inspiré par la résistance de Chaumié, décide de contre-attaquer à son tour et de poursuivre *Le Matin* en justice. Le procès commence le 25 juin 1908. Il n'est pas en faveur du journal. Les témoignages

[18] François-Ignace Mouthon, *Du bluff au chantage*, *op. cit.*, p. 72.
[19] *Ibid.*, p. 43.

hostiles à la Maison rouge dépassent souvent le simple cadre de l'affaire, comme lors de la déposition de Pierre Baudin, ancien ministre des Travaux publics, député de l'Ain et rédacteur au *Journal*. Ce dernier explique qu'il a rencontré Bunau-Varilla avant qu'il soit directeur du *Matin* et note, avec malice, qu'il s'agissait d'« un homme intelligent, mais un peu fruste »[20]. Ceux qui lui ont vendu le journal, poursuit-il, lui ont remis « un instrument dangereux entre les mains » :

> « M. Bunau-Varilla me semble être un homme très dangereux, qui s'est attribué dans le pays un rôle de moralisateur et qui s'est donné une figure de chevalier de la vertu. Malheureusement, quand on possède un organe de publicité comme *Le Matin*, je ne sais pas, on peut être grisé, avoir une tendance à se servir de cet instrument comme d'un instrument de pression, non seulement sur l'opinion publique, mais encore sur les milieux où on fréquente et dont on veut obtenir certains avantages. Il me semble que toute la politique du *Matin*, toute sa méthode, tout son genre, tout le genre de la maison s'inspire de cela, c'est une sorte de griserie, d'orgueil et une volonté de tyranniser. »

Baudin précise au juge qu'à partir du moment où Bunau-Varilla s'est mis à le détester, son nom a été supprimé du *Matin*, et que sa vie privée a fait l'objet d'une campagne honteuse (*Le Matin* aurait notamment publié des lettres personnelles utilisées lors de son divorce). Le colonel Rousset, quant à lui, raconte la campagne dont il a été victime en 1904 suite à son intervention à la chambre contre la Marche de l'Armée.

Vient ensuite la déposition, le 30 juin, de François-Ignace Mouthon, ancien journaliste de la Maison rouge passé au *Journal*. Le président lui demande de « dire si *Le Matin* quand il engage une campagne est inspiré par un motif pécuniaire, ou si au contraire *Le Matin* agit selon ce qu'il prétend, dans un intérêt public et social. »[21] Mouthon répond sans ambiguïté en détaillant la campagne contre Léopold II[22] et en expliquant de manière peu convaincante qu'il ne s'est rendu compte qu'il s'agissait d'une opération de chantage qu'après coup. Concernant Humbert, poursuit-il, il est certain qu'il fallait salir, « coûte que coûte », l'honneur du capitaine avant que le rédacteur en chef Stéphane Lauzanne, hostile à cette campagne, ne

---

20 AN, F7 13951, *Le Journal*, 27 juin 1908.

21 *Ibid.*

22 Estimant ses intérêts dans la compagnie de chemin de fer du Congo menacés, Maurice Bunau-Varilla a mené, en 1904, une grande campagne contre le roi des Belges, qui a fini par capituler.

soit de retour des États-Unis. Mouthon poursuit son témoignage en mentionnant l'enquête menée par Barthélemy sur Chaumié puis sur Milliès-Lacroix[23], et détaille celle concernant Humbert. « Dans la Meuse », explique-t-il,

> « On avait envoyé non seulement un rédacteur mais plusieurs, toute une équipe, pour faire une enquête sur M. Humbert. J'ai même reçu des lettres d'habitants de la Meuse qui me disaient qu'on avait mis à prix des lettres de M. Humbert sur n'importe quel sujet, pourvu qu'il y ait sa signature : on voulait y trouver entre les lignes la preuve qu'il avait vendu son influence parlementaire ou trahi la France au profit de l'Allemagne en vendant les plans de la gare de Verdun, je ne sais quoi ! ... On a acheté tout ce qu'on a pu sur le compte du capitaine Humbert. »[24]

Maurice Bunau-Varilla, présenté par tous les témoins comme l'organisateur des campagnes de chantage du *Matin*, joue, comme, d'habitude, le rôle de l'actionnaire majoritaire innocent qui est en charge de la « direction morale » du journal, mais nullement de sa « direction effective ». Même s'il ne convainc très probablement personne, le patron de la Maison rouge sait qu'on ne peut rien contre lui. Il n'occupe aucune fonction dans l'administration du journal et n'est donc juridiquement en rien responsable de ce que publie son journal. À l'occasion du procès, *Le Matin* édite même un recueil de témoignages garantissant la moralité de ses pratiques, que Madeline a demandés à Clemenceau (président du Conseil), Combes, Rouvier et Sarrien (tous trois anciens présidents du Conseil), aux directeurs des principaux établissements de crédit (Crédit Foncier, Comptoir National d'Escompte, Crédit Lyonnais et Société Générale), aux directeurs des grandes compagnies de chemins de fer et des théâtres subventionnés, au publicitaire financier Lenoir, et, enfin, au Syndic des agents de change de Paris, Verneuil[25], qui a servi à plusieurs reprises depuis 1897 d'intermédiaire entre *Le Matin* et les ambassades, et qui, précise le conseiller secret du gouvernement russe à Paris, Arthur Raffalovitch, « est très ami avec Bunau-Varilla, qu'il redoute

---

23 Raphaël Milliès-Lacroix (1850-1941) est sénateur des Landes de 1897 à 1933 et ministre des Colonies de 1906 à 1909. Ayant exigé que *Le Matin* honore ses dettes à l'égard de l'État, il fut l'objet d'une violente campagne, qui se termina en 1907.

24 AN, F7 13951, *Le Journal*, 1er juillet 1908.

25 Archives personnelles de M. Pierre Collenot, carton « *Le Matin* », recueil de lettres échangées entre *Le Matin* et diverses personnalités, s. d.

comme chanteur »[26]. Mais la plaidoirie de Maître Labori, avocat d'Humbert, résume l'opinion générale qui prévaut dans le monde politique, les milieux d'affaires et la presse parisienne :

> « Oui, la maison de M. Bunau-Varilla est une maison d'orgueil et de tyrannie. [...]. [C]e qu'il faut pour faire aux autres journaux une concurrence plus ou moins loyale, c'est d'inspirer partout la terreur, c'est d'établir qu'on peut parler et commander en maître, sans essuyer jamais aucun refus ; et, quand une fois on a bien établi cette situation, alors on dispose de tous les établissements de crédit, de tous ceux qui sont à la tête d'un pouvoir public quelconque, des ministres et au besoin des présidents du Conseil. »[27]

L'avocat cite ensuite le député de la Seine Gustave Rouanet qui, le 6 mars 1908, a expliqué à la Chambre que Madeline n'est « qu'une personnalité fictive purement juridique » et que derrière lui se cache Maurice Bunau-Varilla qui, « fort de [son] admirable instrument de règne et de domination », prétend « régenter le gouvernement, les Chambres, les pouvoirs publics, indépendamment des campagnes d'intimidation poursuivies contre les corporations ou contre les particuliers »[28]. À chaque fois que des députés sont traités « de bohèmes, de cosaques financiers, de gens qui font la poche de leurs électeurs », poursuit Rouanet, il faut y voir la signature de Bunau-Varilla, qui n'hésite pas à proclamer « que la fonction directoriale du *Matin* équivaut à une fonction impériale et que son fauteuil est un trône »[29]. En citant ce député, Labori en profite pour dévoiler à l'assistance l'origine frauduleuse de la fortune de Bunau-Varilla et son rôle dans les chantiers du canal de Panama[30], ce qui provoque de nombreuses exclamations dans l'assemblée ; si ces faits n'étaient pas connus de tous, le procès Humbert comble cette lacune. L'avocat du *Matin*, Maître Paisant, s'acharne quant à lui à dénier toute légitimité aux témoins cités par Humbert et à prouver la culpabilité de ce dernier. Cependant, il ne dresse aucun portrait particulièrement

---

26 Raffalovitch à Kokovtzev, 29 avril 1905, cité dans *L'abominable vénalité de la presse, d'après les documents des archives russes (1897-1917)*, Paris, Librairie du Travail, 1931, p. 82.

27 AN, F7 13951, *Le Journal*, 1er juillet 1908.

28 Ce discours, précise le compte rendu de la séance, a provoqué des applaudissements « sur plusieurs bancs à gauche ».

29 AN, F7 13951, *Le Journal*, 1er juillet 1908.

30 Maurice Bunau-Varilla est le frère du célèbre ingénieur Philippe Bunau-Varilla, qui a joué un rôle déterminant dans la construction du canal de Panama. Les deux frères ont fait fortune en participant aux chantiers du canal dans les années 1880, et en escroquant la Compagnie chargée de sa construction (Dominique Pinsolle, *De Panama à Sigmaringen*, *op. cit.*, p. 118-123).

flatteur du journal qu'il défend et se contente de répéter qu'il n'existe aucune preuve formelle de corruption en ce qui concerne les affaires évoquées[31].

Bunau-Varilla démasqué et humilié

« Si le jury de la République condamne *Le Matin*, je fais tomber la République et ramène la royauté en France », aurait affirmé Bunau-Varilla peu avant le verdict[32]. Le 2 juillet, la condamnation du journal n'entraîne pourtant pas la disparition de la IIIe République : *Le Matin* doit verser à Humbert 50 000 F de dommages-intérêts, payer 3 000 F d'amende (soit le maximum possible pour le gérant Denglos) et faire 201 insertions. Le lendemain, *L'Humanité* affirme que le jury a tenu « à flétrir ce singulier journalisme, en même temps qu'à infliger une leçon aux jeunes arrivistes qui, sous l'œil paternel de M. Bunau-Varilla, le dirigent. » Quelles que soient les motivations réelles des jurés, les conséquences sont bien celles-ci.

La période est d'autant plus difficile pour Bunau-Varilla que le procès Chaumié se termine à peine un mois après le procès Humbert. *Le Matin*, se sachant condamné, se résout à faire des excuses à l'ancien ministre. Le 6 août 1908, l'avocat du journal demande à Chaumié, d'après *Le Figaro*, d'être « magnanime » et de ne demander qu'un franc de dommages-intérêts. Après six passages devant la Cour, le journal de Bunau-Varilla est finalement condamné le 8 août à 50 000 F de dommages-intérêts, plus 200 insertions dans les journaux de Paris, des départements et de l'étranger, ainsi que deux dans *Le Matin* en « une », et le gérant du journal condamné à 500 F d'amende. Téry, quant à lui, est acquitté, conformément à la loi sur la presse, qui fait reposer la plus grande responsabilité sur le journal et non sur l'auteur des articles. C'est une véritable humiliation pour *Le Matin*, qui, malgré tous ses efforts, a dû capituler.

L'Humanité se réjouit immédiatement de l'« [e]ffondrement d'une puissance de scandale que tous les honnêtes gens salueront avec satisfaction. » Si l'enthousiasme de *L'Humanité* est excessif, il est certain que « Bunau-Varilla commence à craindre ses ennemis », comme le souligne un rapport de police[33]. Son journal, quant à lui, perd plus de 50 000 lecteurs entre 1907 et 1908. Ce que Bunau-Varilla ne pardonne pas à Chaumié et Humbert, c'est non seulement de

---

31 AN, F7 13951, *Le Journal*, 2 juillet 1908.

32 *L'Humanité*, 3 juillet 1908.

33 Archives de la Préfecture de Police de Paris, BA 2012, Dossier Stéphane Lauzanne, rapport de police du 17 février 1908.

l'avoir humilié, mais, en outre, d'avoir révélé au grand public l'importance du rôle qu'il joue au *Matin*. Le patron de la Maison rouge avait réussi, jusque-là, à rester dans l'ombre et à manœuvrer sans être exposé aux critiques. Désormais, le nom et le visage du véritable directeur du *Matin* sont connus de tous, notamment à cause des multiples « unes » que ses concurrents ont consacrées au procès, à commencer par *Le Journal*.

Après le procès Humbert, Émile Lemaire, dans *Le Boulonnais*, note que :

> « [l]es débats du procès que le journal *Le Matin* vient de perdre devant la Cour d'Assises de la Seine ont tiré de la pénombre le nom de M. Bunau-Varilla. Ce personnage est apparu, tout à coup, pour les non-initiés, comme celui d'une puissance, avec laquelle devaient compter : gouvernants, chefs de partis et grands financiers. »[34]

Huit ans plus tard, Jupila, dans *Les Hommes du Jour*, souligne également l'importance des affaires Chaumié et Humbert dans la révélation du nom du véritable patron du *Matin* :

> « Ce Moloch, tapi au plus profond, au plus ténébreux de son antre, n'est que de bazar ; et il s'est laissé découvrir comme une violette. Il a fallu l'honnêteté révoltée de M. Chaumié et de ses fils, puis un coup de boutoir de M. Charles Humbert, puissante machine humaine, pour mettre en relief ce tout-omnipotent. »[35]

Les affaires Chaumié et Humbert font prendre conscience au patron de la Maison rouge que la bienveillance de certaines personnalités ne fait pas de lui un personnage intouchable. Ces deux procès sont des étapes déterminantes dans l'histoire du *Matin*. Ils marquent la fin d'une phase de tâtonnements et d'apprentissage pour le journal, qui est dirigé avec beaucoup plus de prudence au cours des années précédant la guerre. Maurice Bunau-Varilla doit désormais s'efforcer de préserver un équilibre entre les contraintes politiques et économiques auxquelles son journal est soumis, et sa volonté d'utiliser ce dernier à des fins personnelles. Jusqu'en 1908, il pèche par excès. Ses défaites face à Chaumié et Humbert mettent fin à une période d'arrogance outrancière, et inaugurent une nouvelle ère

---

[34] Archives personnelles de M. Pierre Collenot, Carton « *Le Matin* », *Le Boulonnais*, s. d.
[35] Archives personnelles de M. Pierre Collenot, Carton « *Le Matin* », « *Le Matin* et la guerre », *Les Hommes du Jour*, 27 mai 1916.

pour *Le Matin*, qui, en respectant parfaitement les contraintes imposées par le marché et celles qu'exerce le pouvoir politique, connaît un véritable « âge d'or » jusqu'à la Première Guerre mondiale. Après 1908, les attaques personnelles s'effacent derrière un discours patriotique et philanthropique consensuel, tandis que Bunau-Varilla continue à œuvrer dans l'ombre après avoir renoncé aux campagnes de chantage tapageuses. *Le Matin* s'affirme par la suite clairement poincariste, et conserve la même ligne politique modérée jusqu'à la fin des années 1920. Les procès Chaumié et Humbert sont finalement une réaction de défense du monde politique français face à l'accroissement de la puissance de la grande presse populaire depuis l'adoption de la loi de 1881. *Le Matin* n'est que le cas extrême d'une presse s'imaginant omnipotente. Son échec révèle la limite que cette dernière ne peut franchir sous peine d'être à son tour l'objet d'attaques politiques extrêmement dangereuses pour elle.

« Confiner » le clivage européen : le RPR et la gestion de ses divisions internes lors du référendum sur le Traité de Maastricht (1992)

Mathieu Petithomme
Maître de conférences en science politique à l'IUT de Besançon,
Centre de recherches juridiques de l'université de Franche-Comté
Mathieu.Petithomme arobase eui.eu

Comment les partis pro-européens d'opposition contiennent-ils leurs divisions internes pendant et à la suite des campagnes référendaires européennes ? Quelles sont leurs stratégies principales afin d'enrayer les effets du clivage européen créant de nouvelles lignes de conflit au sein de leurs organisations partisanes ? Après chaque rejet d'un référendum européen, de nombreuses causes sont évoquées pour expliquer les divisions des partis pro-européens de l'opposition, comme la volonté de sanctionner le gouvernement ou les manœuvres stratégiques de certains acteurs[1]. Les difficultés récurrentes de ces partis pro-européens de l'opposition sont en fait largement induites par l'évolution de la structure d'opportunité et par la « situation » de ces partis au sein de leur système partisan lors du référendum, peu importe qu'ils soient de gauche ou de droite. Ils se trouvent en effet dans une situation nouvelle par rapport aux logiques traditionnelles de compétition politique, puisque lors des référendums européens, ces partis se situent à la fois dans l'opposition au parti au pouvoir, de même que dans l'obligation de ne pas s'opposer formellement au Traité européen considéré, afin de maintenir leur vocation de parti de gouvernement.

Cette ambivalence entre une volonté d'opposition à l'exécutif national et une nécessité (même ténue) de soutien au Traité considéré, a pour effet de renforcer les débats internes sur le positionnement le plus adéquat pour le parti, de même que de rendre manifeste le clivage européen qui demeure généralement latent et secondaire lors des élections nationales[2]. Le « potentiel de contestation » de l'intégration européenne devient alors plus important dans la mesure où le clivage sur l'Europe devient orthogonal à la division gauche/droite traditionnelle : il scinde chacun des deux camps entre les partisans et les opposants de l'UE[3]. Les partis pro-européens de l'opposition se trouvent alors tiraillés entre deux objectifs politiques distincts, le respect de leurs engagements idéologiques pro-européens et leur volonté stratégique de s'opposer au parti au pouvoir.

Cet article revient sur le cas du Rassemblement pour la République (RPR) lors du référendum sur le Traité de Maastricht en 1992, afin de mieux saisir les stratégies employées par le parti afin de réduire la conflictualité engendrée par le clivage européen[4]. Cette question est pertinente en ce qu'elle permet de mieux appréhender les processus de

---

1 Par exemple, sur les raisons de la victoire du « Non » lors du référendum sur le Traité constitutionnel européen de 2005, cf. Gérard Grunberg, « Le référendum français de ratification du Traité Constitutionnel européen du 29 mai 2005 », *French Politics, Culture and Society*, vol. 23, n°3, 2005, p. 129-144.

2 Sur ce point, voir Mathieu Petithomme, « La politisation épisodique de l'Europe et les dilemmes de la contestation populaire », dans Amandine Crespy et Mathieu Petithomme (dir.), *L'Europe sous tensions. Appropriation et contestation de l'intégration européenne*, Paris, L'Harmattan, 2010, p. 215-235.

3 Cees van der Eijk et Mark Franklin, « Potential for Contestation on European Matters at National Elections in Europe », dans Gary Marks et Marco Steenbergen (dir.), *European Integration and Political Conflict*, Cambridge, Cambridge UP, 2004, p. 32-50.

4 Plus généralement, sur le mouvement gaulliste, cf. David Bellamy, « Historique des groupes parlementaires gaullistes », *Parlement[s], Revue d'histoire politique*, HS 5, 2009, p. 8-21.

cloisonnement et de « compartimentation » des enjeux européens. Contrairement aux partis au pouvoir et aux partis périphériques contestataires, les partis pro-européens de l'opposition présentent un positionnement plus inconfortable lors des référendums. Il fait donc sens d'explorer comment le RPR, s'étant trouvé dans une telle situation en 1992, a adapté son discours, coopté les acteurs dissidents ou séquencé ses débats internes afin de confiner les effets diviseurs du clivage européen.

L'article s'appuie sur une approche qualitative de sociologie historique qui implique de « (re)-tracer les différentes étapes de développement d'un processus politique donné »[5]. Il s'agit de se focaliser sur un seul élément – le discours de la direction du RPR – durant la campagne et dans la période postérieure au référendum de 1992, afin de faire ressortir l'évolution sur une temporalité de moyen terme de ses stratégies de gestion du clivage européen. Les prises de position de la direction du RPR sont retranscrites à partir de l'étude détaillée d'une cinquantaine d'articles de presse parus en 1992[6].

Le leadership du RPR lors du référendum sur le Traité de Maastricht en 1992 : combattre, contenir ou reporter les dissensions ?

L'institutionnalisation du pluralisme au sein du RPR date du Congrès du Bourget de février 1990 lorsque Jacques Chirac, faisant face à une tentative avortée de renversement, accepta la création de courants. Celui-ci pensait qu'il maintiendrait son rôle pivot, autour d'une faction se revendiquant du « gaullisme social » animée par Philippe Séguin à sa gauche, et d'un autre courant « souverainiste » à sa droite, dirigé par Charles Pasqua. Mais les deux hommes s'allièrent dans une liste commune qui obtint 35 % des voix militantes. Ces divisions émergèrent de façon évidente lors de la ratification du Traité de Maastricht. Comme l'évoque Andrew Knapp, la division latente au sein du parti, entre les défenseurs d'une « souveraineté librement transférée à une union des États européens », et les partisans d'une « Europe des nations » opposés au « supranationalisme », devint soudain manifeste[7]. Le 15 avril 1992, Jacques Chirac eut d'abord recours à la demande d'un

---

5 Alexander George et Andrew Bennett, *Case Studies and Theory Development in the Social Sciences*, Cambridge, MIT Press, 2005, p. 206.

6 Les articles de presse ont été obtenus à partir des archives de la base de données *Lexis Nexis*. Ils rassemblent des articles du *Monde*, de *Libération* et du *Figaro*.

7 Andrew Knapp, *Le gaullisme après De Gaulle*, Paris, Éditions du Seuil, 1996, p. 763-764.

référendum populaire sur la révision constitutionnelle afin d'éviter de définir clairement la position du RPR. Michel Noir, Patrick Devedjian et Michel Barnier, parmi les rares cadres ouvertement pro-européens du parti, contestèrent ce choix, défendant que « demander un référendum fait partie de ce type de manœuvres indélicates parce que trop flagrantes, qui consiste à trouver de bonnes raisons pour ne pas prendre de décisions claires »[8]. Durant le Conseil national du 28 avril, Jacques Chirac appela à « dépassionner le débat », mais il fut fortement contredit par Philippe Séguin qui défendit que la synthèse du dernier Conseil national de 1990 entrait en contradiction avec le Traité[9]. L'« effet Séguin » amena plusieurs députés à rejoindre le camp eurosceptique. Cet « écho réel » au sein du parti fut bien souligné par Michel Vasseur :

> « Ici, nous allons trouver les nouvelles frontières idéologiques, dans la conception de l'État et de la nation. Un nouveau clivage est apparu sur l'Europe au sein du RPR. C'est le début d'une restructuration du paysage politique. Si le vote du Conseil avait été organisé à bulletin secret, cela aurait été une sensation en faveur de Séguin ! »[10]

Un autre député RPR confessait de même : « C'est un clivage absolu sur l'enjeu européen : le parti est confronté à une situation qui peut être totalement fatale »[11].

Le 5 mai, Philippe Séguin soumit une motion d'inadmissibilité à l'Assemblée, contestant la constitutionnalité de la révision législative préalable impulsée par François Mitterrand : rejetée par la majorité socialiste, elle divisa profondément le RPR, la moitié des députés l'approuvant alors que l'autre moitié s'abstint et que seul Patrick Devedjian la rejeta[12]. Ce dernier déplora « l'attitude ambiguë de Chirac sur l'Europe » qui ne donna pas d'instructions de vote et resta silencieux après le discours eurosceptique fortement applaudi de Philippe Séguin, l'accusant de « temporiser pour préserver une unité fictive »[13]. Michel Barnier demanda aussi au parti de considérer les intérêts de la France plutôt que son « réflexe d'opposition »[14]. Le vote de la révision constitutionnelle fut approuvé le 13 mai par l'Union pour la démocratie française (UDF) et l'Union du centre (UDC), le RPR se

---

8 *Le Monde*, 23 avril 1992.
9 *Libération*, 30 avril 1992.
10 *Le Monde*, 8 mai 1992.
11 *Le Monde*, 6 juin 1992.
12 *Libération*, 7 mai 1992.
13 *Le Monde*, 9 mai 1992.
14 *Le Figaro*, 9 juin 1992.

déchirant à nouveau. Le député RPR Alain Peyrefitte confia alors à cette période qu'« aucune des épreuves de la vie politique, hormis l'affaire algérienne, n'avait autant secoué le mouvement gaulliste »[15]. Le 26 mai, Jacques Chirac reconnut son incapacité à gérer ces divisions : « j'ai tout fait pour réaliser l'union de l'opposition. Je reconnais que je n'ai pas réussi. Je regrette profondément. »[16] Le texte devant être adopté au Sénat, Charles Pasqua, président du groupe RPR en son sein, fixa une position intransigeante suivant laquelle le RPR refuserait de voter jusqu'à ce que les clauses du Traité permettant le vote des étrangers lors des élections municipales soient modifiées[17].

La stratégie de procrastination de la direction devint évidente après le rejet danois du 2 juin : la définition de la position du parti fut reportée au moins jusqu'au référendum irlandais du 18 juin[18]. Ces ambiguïtés de la direction du RPR sur la question européenne amènent Andrew Knapp à considérer que « Jacques Chirac n'avait pas de point de vue tranché sur la question. Ses positions évoluaient, parfois de manière inattendue, au fil des semaines. »[19] Alors que Philippe Séguin commençait à évoquer « l'ex-Traité de Maastricht », François Mitterrand réagit le 3 juin en annonçant l'organisation d'un référendum populaire. Le RPR ne pouvait pas s'y opposer puisque Jacques Chirac avait antérieurement demandé la tenue d'un tel référendum. La presse évoqua l'art de François Mitterrand « de placer la contre-offensive au moment opportun »[20]. Le 15 juin, alors que tous les autres partis avaient défini leur positionnement sur le Traité, Jacques Chirac déclara au contraire :

> « Il est prématuré de prendre une décision définitive, étant donné que les choses vont sans aucun doute évoluer dans les jours et les semaines à venir. […] Ainsi, j'ai décidé, en ce qui me concerne personnellement, de rester silencieux sur cette affaire, le temps d'y voir un peu plus clair. J'aimerais que tous les membres du RPR adoptent la même attitude de réserve, parce que rien ne serait plus dommageable que d'augmenter la confusion dans l'esprit des Français qui nous font confiance. »[21]

---

15 Alain Peyrefitte, dans *Le Monde*, 24-25 mai 1992.
16 *Le Monde*, 27 mai 1992.
17 *Le Figaro*, 15 mai 1992.
18 *Le Monde*, 5 juin 1992.
19 Andrew Knapp, *op. cit.*, 1996, p. 763-764.
20 *Le Monde*, 5 juin 1992.
21 *Le Figaro*, 15 juin 1992.

La stratégie d'évitement et de dépolitisation de Jacques Chirac est ici bien illustrée, de telle sorte que *Le Monde* titra ironiquement « silence radio au RPR »[22]. Jacques Chirac exigea de reporter la révision constitutionnelle et défendit une « absence hostile de participation », le RPR ne participant pas au vote du Congrès[23]. Nicolas Sarkozy, alors secrétaire général adjoint du RPR, fut le premier représentant du parti à se prononcer en faveur du « Oui » le 28 juin, alors que Valéry Giscard d'Estaing demanda instamment à Chirac de se rallier au camp pro-européen[24]. Il lui reprochait de diriger le « parti du suicide », contestant sa « capacité à devenir un homme d'État » et critiquant la stratégie de l'abstention du RPR, divisé entre le soutien à ses alliés pro-européens de l'opposition et à sa minorité interne anti-Maastricht[25].

Alors que Philippe Séguin avait annoncé son futur vote négatif dès mars[26] et Charles Pasqua dès juin, Jacques Chirac attendit juillet pour préciser la position officielle du parti. Ce ne fut pas un hasard s'il exprima son choix le 4 juillet 1992 à la Mutualité devant une sélection de 2 000 cadres locaux « nouvellement élus », alors que l'organisation prévue d'un nouveau Conseil national sur le Traité n'eut jamais lieu. Devant une assemblée qui lui était hostile, et malgré le fait que certains membres crièrent à plusieurs reprises leur opposition au Traité, Jacques Chirac reconnut qu'il n'était « pas parfait », qu'il « ne l'aurait pas signé » et que « la majorité des membres du parti lui est clairement opposée »[27]. Néanmoins, il défendit qu'il voterait « personnellement en sa faveur, sans enthousiasme et avec lucidité », tout en laissant la liberté de vote aux membres du parti[28].

Dans ses *Mémoires*, Jacques Chirac revient explicitement sur cet épisode, en offrant un témoignage relativement sincère. Hormis au sujet de son absence d'hésitation, qui est contredite par la réalité historique, ses déclarations retranscrivent assez bien ces événements :

> « Voilà pourquoi je n'ai pas hésité à prendre parti pour la ratification du traité de Maastricht. [...] J'ai demandé publiquement au président Mitterrand d'organiser un référendum à ce sujet, malgré les risques liés à ce genre de consultation. [...] Mais si la réponse va de soi du côté de

---

22 *Le Monde*, 15 juin 1992.
23 *Le Monde*, 18 juin 1992.
24 *Le Monde*, 30 juin 1992.
25. *Le Monde*, 23 juin 1992.
26 NDLR : cf. par exemple les extraits de son discours à l'Assemblée nationale le 5 mai 1992, commentés par Jean Garrigues dans *Parlement[s], Revue d'histoire politique*, HS 3, « Penser et construire l'Europe », 2007, p. 137-142.
27 *Le Monde*, 7 juin 1992.
28 *Libération*, 7 juillet 1992.

> l'UDF et du Parti socialiste, je n'ignore pas, pour les avoir quelque temps partagées, qu'elle se heurte à de fortes réticences au sein du RPR. […] Les opposants au traité se mobilisent en masse sous l'impulsion conjointe de Philippe Séguin et de Charles Pasqua, qui s'évertuent tous deux à m'expliquer qu'en me prononçant pour le « oui », je trahirais les idéaux gaullistes. À leur tour, Pierre Juillet et Marie-France Garaud s'efforceront, le 4 juillet, quelques heures avant que je me déclare officiellement en faveur du traité, de me ramener à la raison, en invoquant, avec la solennité qui s'impose, ma "responsabilité historique" dans cette affaire : "Le résultat dépend de vous, insiste Pierre Juillet. De vous seul. De grâce, réfléchissez !" Je lui réponds que "c'est tout réfléchi" et que j'irai confirmer mon choix le soir même, à la Mutualité. Ce soir-là, l'accueil promet d'être houleux. Je m'y suis préparé. […] Hué durant la première partie de mon discours, ce qui ne m'était jamais arrivé depuis la création du Rassemblement, je réussirai à retourner la situation en fin de séance, ovationné par une salle, sinon conquise, du moins soucieuse de me témoigner sa fidélité. »[29]

Dans une lettre interne aux membres du RPR datant du 17 juillet, Jacques Chirac justifia sa décision en déclarant que « des opportunités existeront à partir de 1993, pour une réorientation de la direction de l'intégration européenne »[30]. La direction demeura silencieuse jusqu'à la fin août, alors que le gouvernement et le Parti socialiste initièrent leur campagne pour le « Oui » début août. Le chef du RPR débuta réellement sa campagne pour le « Oui » le 7 septembre, organisant seulement cinq meetings publics durant l'ensemble de la campagne. Officiellement, le RPR refusa de définir un positionnement clair et observa une stricte neutralité (de façade en pratique) durant la campagne. L'affiche du parti qui fut imprimée permettait d'ailleurs de lire les arguments des deux camps, invitant les sympathisants du RPR « à décider en leur âme et conscience »[31].

À la mi-septembre, Mitterrand débattit avec Philippe Séguin lors d'un débat télévisé, si bien que ce dernier apparut indirectement comme le leader de l'opposition. Depuis le début de la campagne, il s'était refusé à impliquer directement le Président, focalisant ses critiques sur

---

29 Jacques Chirac, *Chaque pas doit être un but. Mémoires*, t. 1, Paris, Nil Éditions, 2009, p. 397-398.

30 Cité dans *Le Figaro*, 18 juillet 1992.

31 Jean-Charles Brisard et Patrice Pinard, *Enquête au cœur du RPR*, Paris, Jacques Grancher, 1996, p. 125.

le Traité lui-même. Le 27 août, les militants du RPR lui réservèrent un accueil triomphal, un dirigeant du parti déclarant alors : « c'est normal, 95 % des militants du parti sont derrière lui »[32]. Parallèlement, Charles Pasqua formula un recours devant le Conseil Constitutionnel afin de questionner la constitutionnalité du Traité[33]. En opposition frontale avec la direction du RPR, il se présenta toutefois en septembre 1992 à la présidence du Sénat au nom de son parti et ce, dans l'espoir de renforcer sa position, mais il retira sa candidature après le premier tour, le centriste René Monory l'ayant alors devancé de quelques voix[34]. Alors que Jacques Chirac essayait d'accuser François Mitterrand de développer une manœuvre de diversion avec le Traité par rapport aux enjeux socio-économiques, il laissa un forum aux dissidents : même s'ils créèrent le *Rassemblement pour le non au référendum* et organisèrent un meeting commun avec Philippe de Villiers le 12 septembre, rassemblant plus de 6 000 sympathisants, Philippe Séguin et Charles Pasqua ne fusionnèrent pas leur mouvement avec la *Coordination pour l'Europe des nations* de Philippe de Villiers[35]. La direction du RPR avait évité la scission à court terme, mais elle se trouvait profondément affaiblie.

Le RPR tiraillé entre gaullisme social et conservatisme libéral suite au référendum sur le Traité de Maastricht

Le confinement des dissensions après le référendum fut réalisé à travers la nationalisation du débat politique, la réaffirmation de la direction et de la majorité du parti, la promotion des dissidents et la volonté récurrente de reporter les débats idéologiques sur l'Europe.

Tout d'abord, la volonté du RPR de renationaliser le débat politique apparut clairement, déjà durant la campagne référendaire elle-même. Jacques Chirac avait misé sur un débat relativement court afin d'évoluer aussi rapidement que possible vers les élections législatives, mais l'annonce de la tenue d'un référendum populaire eut pour effet de prolonger les débats. Déjà, le 25 juin 1992, après l'approbation de la révision constitutionnelle, la direction du RPR décida de commencer sa campagne… pour les prochaines élections législatives de mars 1993 ! Jacques Chirac voulait alors nationaliser le débat pour mettre de côté les divisions du parti sur l'Europe. La direction organisa ainsi officiellement

---

32 *Le Monde*, 27 août 1992.
33 *Le Monde*, 20 juillet 1992.
34 Cité dans *Le Figaro*, 27 octobre 2009.
35 *Libération*, 15 juin 1992.

le meeting du 4 juillet pour démarrer… la campagne législative du parti ! Comme le souligne le député Bernard Pons le 25 juin :

> « Oubliez Maastricht. Cela pourrait être notre slogan pour le moment. Nous devons présenter notre parti comme l'unique parti opposé au Président de la République, alors que dans le même temps, notre dirigeant est le seul vrai leader de l'opposition. […] C'est une mission délicate, mais c'est ce que nous devons faire, afin de limiter les effets de nos divisions sur l'Europe et de montrer aux Français que quoi qu'il arrive avec Maastricht, nous incarnons l'alternative au gouvernement socialiste. »[36]

Les déclarations de Chirac soulignent bien cette volonté de se focaliser sur les futures élections nationales afin de contenir les effets diviseurs de l'Europe :

> « Quelles que soient les divergences de vues, l'opposition actuelle est et demeurera unie pour combattre la bataille… du futur calendrier électoral après le référendum. »[37]
> « Ce qui questionne l'indépendance de la France n'est pas l'intégration européenne. Ce n'est pas le Traité de Maastricht, mais la faiblesse et le laxisme du gouvernement socialiste. Ce qui est important pour demain, ce n'est pas de faire tomber la construction de l'Europe, c'est de se débarrasser des socialistes au pouvoir. […] Il est essentiel pour conserver l'union de l'opposition, de gagner la date limite capitale, la seule décisive, pour la France et pour l'Europe, des élections législatives. »[38]

Chirac commit même un lapsus révélateur durant la campagne, déclarant ainsi « je prononce un "Non", qui, je répète, est celui de la raison et de la responsabilité », alors même qu'il tentait de convaincre les militants de la légitimité de son choix en faveur du « Oui ». Faisant écho au positionnement ambigu de Jacques Chirac, Alain Juppé, secrétaire général du parti, déclara aussi au milieu de la campagne :

> « À la suite du référendum, l'opposition devra très vite se rassembler. Nous devrons tout de suite débattre sur les prochaines élections législatives pour focaliser les critiques sur Mitterrand lui-même et sur son gouvernement. […] Que nous discutions, oui ! Que nous nous insultions, non ! Nous devrons nous réunir le 21 septembre. Entre le "Oui" et le

---

36 *Le Monde*, 25 juin 1992.
37 *Le Monde*, 9 septembre 1992.
38 *Libération*, 28 août 1992.

> "Non" qui constituent la base de la majorité future de demain, il n'y a pas l'épaisseur d'une épingle. [...]. Si le "Oui" l'emporte, nous allons rapidement parler d'autre chose. Une puissante force centripète conduira l'opposition : la nécessité de resserrer les rangs pour gagner les élections législatives. Les gens sur le terrain deviendront clairement unitaires et raisonnables. [...] Même avec une légère victoire du "Oui", nous allons immédiatement mettre en œuvre une campagne vigoureuse contre les socialistes afin de préparer les élections législatives »[39].

La nationalisation du débat politique fut particulièrement claire lorsque Jacques Chirac défendit que, dans cette nouvelle période, il privilégierait « tous les enjeux qui contribuent le plus à réunir la majorité, et plus généralement les Français, tout en essayant d'éviter l'ensemble des débats qui ne sont pas absolument nécessaires »[40].

Le second élément afin de confiner les effets du clivage européen émergeant fut de réaffirmer l'autorité du chef du parti et de sa majorité. Après la mince approbation du référendum par 51 % des électeurs, Jacques Chirac dut remettre en cause son mandat de président du RPR. Le Conseil national suivant fut stratégiquement organisé dès le 23 septembre, afin que les dissidents ne disposent pas d'assez de temps pour s'unir dans un front commun. Dès le 21 septembre, Charles Pasqua et Philippe Séguin avaient pourtant organisé une réunion des 110 députés qui avaient voté contre le Traité, mais seulement 50 d'entre eux y participèrent. Une déclaration commune fut émise contre l'organisation du Conseil, stipulant que « le problème n'est pas de confirmer la légitimité de Chirac, mais de définir une ligne politique rénovée qui corresponde aux aspirations des Français et de notre électorat »[41]. Seuls quelques parlementaires du parti ne participèrent pas au Conseil national du 23 septembre, durant lequel le mandat de Jacques Chirac fut unanimement confirmé (95 %).

Pour autant, Charles Pasqua et Philippe Séguin présentèrent un « contre-programme » le 28 octobre 1992, critiquant alors la position de leur direction[42]. Le Congrès du 7 mars 1993, qui réunit 35 000 militants après les élections législatives, réaffirma la majorité pro-européenne du parti. Le secrétaire général, Alain Juppé, décida de ne pas inclure Séguin parmi les intervenants. Seuls quatre discours furent alors prononcés. Trois furent formulés par des partisans du « Oui », Jacques Chirac,

---

[39] *Le Monde*, 12 septembre 1992.
[40] *Le Monde*, 6 avril 1993.
[41] *Libération*, 21 septembre 1992.
[42] *Le Monde*, 30 octobre 1992.

Alain Juppé et Bernard Pons (Président du groupe RPR à l'Assemblée). Au contraire, un seul défenseur du « Non », Charles Pasqua, eut l'occasion de s'exprimer[43]. Alain Juppé fut réélu comme secrétaire général par 96 % des voix et les dissensions furent activement condamnées à partir de ce moment, comme l'illustre le propos de Pons : « Les discordes, les fausses notes et le factionnalisme ne sont plus tolérables. Si quelqu'un n'est pas d'accord, il peut faire campagne avec Tartempion ou avec les écologistes. »[44]

Troisièmement, les effets diviseurs du clivage européen furent contenus à travers la cooptation des dissidents soit au sein du nouvel exécutif soit de l'appareil législatif : Charles Pasqua devint ministre de l'Intérieur au sein du gouvernement d'Édouard Balladur et Philippe Séguin président de l'Assemblée nationale en 1993. La promotion des dissidents dilua les divergences idéologiques au sein de stratégies plus vastes de conquête de pouvoirs. L'euroscepticisme de Charles Pasqua fut ainsi contrebalancé par sa participation au gouvernement, de telle sorte qu'il commença à se refuser à critiquer l'Europe elle-même, en se limitant au Traité :

> « S'il vous plaît, les divisions sur l'Europe ça suffit. [...] Que vous ayez voté "Oui" ou "Non", nous devons rester unis ! Nous ne pouvons pas être divisés à nouveau, il n'y a pas d'autres alternatives. Autrement, nous devrons gouverner avec les socialistes, qui si je ne me trompe pas, ont pourvu la majeure partie des bataillons du "Oui". [...] Cela fait longtemps que certaines personnes annoncent la fracture du mouvement gaulliste. Il n'a jamais implosé. Nous ne devons pas confondre l'Europe et Maastricht. Tout le monde au sein du RPR est conscient que le grand projet des dix prochaines années devra être le développement de l'Europe et personne au sein du RPR n'a soutenu le Traité de Maastricht avec beaucoup de conviction. »[45]

La promotion des dissidents et les stratégies de conquête de pouvoir contribuèrent ainsi à effacer le clivage sur l'Europe : le pro-européanisme d'Édouard Balladur et de Jacques Chirac par défaut, versus les positionnements eurosceptiques de Philippe Séguin et de Charles Pasqua, furent suivis par une entente gouvernementale entre le Premier ministre et Charles Pasqua, alors que Jacques Chirac, Philippe Séguin et Alain Juppé dominèrent la direction du RPR.

---

43 *Le Monde*, 6 mars 1993.
44 *Ibid.*
45 *Le Monde*, 18 mars 1993.

Alors que les élections européennes de 1994 montrèrent clairement la volonté du parti d'éviter les débats idéologiques sur l'Europe, l'élection présidentielle de 1995 illustra l'usage stratégique de l'Europe par le parti. En 1994, la liste européenne RPR-UDF dirigée par Dominique Baudis fut délibérément composée d'opposants et de défenseurs de Maastricht. Aussi paradoxal que cela puisse paraître, une telle indéfinition de la ligne du parti fut présentée comme une preuve de représentativité d'un électorat français divisé sur l'Europe. Les divisions du RPR furent imputées à l'électorat, et à la volonté du parti de « coller » avec celui-ci, plus qu'au parti lui-même :

> « Ce sera une liste de rassemblement et d'unité à l'image des Français, avec des personnes ayant voté "Oui" et d'autres ayant voté "Non". [...] La meilleure manière de dépasser Maastricht et de rejoindre et de se rassembler ensemble. [...] Les autres listes fermées, avec des gens qui ont soit voté "Oui" ou "Non", proposent une sorte de reconstitution historique de la campagne de Maastricht, qui appartient au passé. »[46]

Le positionnement du RPR demeura très confus, si bien que la liste dissidente de l'UDF dirigée par Philippe de Villiers réussit à politiser le clivage européen. Ce dernier fit d'ailleurs part de sa conviction suivant laquelle Charles Pasqua et Philippe Séguin partageraient « le même combat »[47]. Charles Pasqua ne parvint pas à se retenir de ne pas critiquer le positionnement selon lui trop pro-européen du RPR. Laissant ses sympathisants libres de participer au meeting de Philippe de Villiers du 10 juin 1994, deux jours avant le vote, Charles Pasqua défendit qu'il « refusait personnellement d'exclure ses électeurs », délivrant un soutien au vote pour la liste eurosceptique de de Villiers qui réussit plutôt bien[48]. Comme le souligne *Le Figaro* :

> « La force de de Villiers a été de laisser apparaître à nouveau et de politiser au sein de l'alliance RPR-UDF, le clivage qui avait émergé durant le référendum sur le Traité de Maastricht entre les opposants et les défenseurs du Traité. [...] Cela explique pourquoi la majorité des sympathisants de l'UDF et du RPR, respectivement 50 % et 45 %, qui avaient voté pour le "Non" à Maastricht, ont dans leur majorité voté pour de Villiers. [...] Respectivement 28 % des sympathisants du RPR

---

46 *Le Monde*, 19 avril 1994.

47 *Libération*, 2 mai 1994.

48 *Le Monde*, 10 juin 1994.

et 20 % des sympathisants de l'UDF votèrent pour lui, ralliant aussi 14 % de l'électorat du FN. »[49]

Comme en 1992, le mauvais résultat de la liste UDF-RPR lors de l'élection de 1994 fut compensé par la relativisation de l'importance des élections européennes et une focalisation immédiate sur l'élection présidentielle suivante. Lors de la campagne de 1995, Jacques Chirac défendit la nécessité de dépasser les débats sur Maastricht. En novembre 1994, ce dernier avait pourtant évoqué l'idée d'organiser un référendum sur l'Union économique et monétaire (UEM), un enjeu qui émergea à nouveau dans les derniers jours de la campagne, soulignant un opportunisme tactique[50]. Afin d'attirer les électorats eurosceptiques de Philippe de Villiers et de Jean-Marie Le Pen, Jacques Chirac eut recours à la proposition du référendum, défendant qu'il ne porterait pas sur l'UEM, mais qu'il serait utilisé afin de ratifier le nouveau cadre institutionnel prévu après la conférence intergouvernementale de 1996. Cette formule embarrassa l'UDF et contenta le secteur eurosceptique du RPR, tout en reportant un éventuel référendum à une date future imprécise. Après sa victoire, Jacques Chirac ajourna d'ailleurs tout de suite cette idée. Élu président du RPR le 6 juillet 1997, Philippe Séguin prit activement part à la formulation d'une « synthèse idéologique », qui eut lieu durant la Convention sur l'Europe du parti du 7 octobre 1998, confirmant par ailleurs sa rupture avec Charles Pasqua. Il défendit la vision d'une Europe intergouvernementale où les intérêts français seraient activement défendus, se déclarant favorable à une Constitution européenne et à l'organisation d'un référendum… cinq ans après la ratification du Traité d'Amsterdam ! Jacques Chirac se démarqua aussitôt de cette position, défendant l'idée que la ratification ne justifiait pas un référendum[51].

L'effet du clivage européen sur le RPR a ainsi été activement contenu à la suite du référendum, de 1992 à 1998. Seul Charles Pasqua demeura finalement opposé à la ligne du parti, ce qui le conduisit à transformer son association *Demain pour la France* en parti politique le 20 juin 1998. En mars 1999, le vote favorable au Traité d'Amsterdam de 81,9 % des députés du RPR scella son départ. Il rejoignit Philippe de Villiers en formant le *Rassemblement pour la France*, qui transforma l'opposition à Maastricht en opposition à Amsterdam et qui devança la liste du RPR lors des élections européennes de 1999. Toutefois, lors du départ de Pasqua du RPR, sept ans après le référendum de 1992, son

---

[49] *Le Figaro*, 13 juin 1994, sondage "sortie des urnes", 13 juin 1994.

[50] *Libération*, 8 novembre 1994.

[51] *Le Monde*, 18 avril 1998.

influence interne avait substantiellement diminué, de telle sorte que le séquençage et la temporisation des débats intra-partisans sur l'Europe limitèrent fortement les effets au final très limités de cette dissension sur l'organisation partisane du RPR.

Pour conclure, il est possible de dire que la direction du RPR a développé un éventail de stratégies d'adaptation afin de contenir l'émergence d'un clivage sur l'Europe au sein de son organisation. Même si ces stratégies se sont soldées par un échec à court terme, puisqu'une majorité des sympathisants du RPR a voté à l'encontre de la ligne pro-européenne du parti, elles ont néanmoins permis au parti de maintenir sa cohésion sur le long terme et ne l'ont pas empêché de remporter les législatives de 1993 et la présidentielle de 1995. La direction du RPR a clairement privilégié une stratégie de procrastination dans la définition de son positionnement sur le Traité, choisissant finalement de laisser ses sympathisants voter librement, même si Chirac affirma son soutien personnel au « Oui ». Le RPR a aussi activement proposé une campagne de premier ordre, en se focalisant sur la critique du gouvernement plus que sur le Traité lui-même, tout en développant une stratégie de profil bas, en s'engageant peu dans la campagne. Ces processus soulignent bien comment la structure d'opportunité référendaire tend à favoriser les pressions des militants sur leurs directions, et donne lieu à des processus internes de délibérations sur les questions européennes, qui autrement, peinent à émerger. Ils illustrent aussi comment, une fois la conjoncture référendaire passée, les élites partisanes entendent réaffirmer leur autonomie, et éviter l'émergence d'éventuels mandats d'action sur les questions européennes.

Le cas du RPR permet aussi de souligner comment le « dégonflage » de la conflictualité associée à l'Europe est facilité par la cooptation des leaders de factions minoritaires et le soutien à des réalignements interpersonnels, en privilégiant un type de « factionnalisme coopératif »[52]. Cette stratégie de cooptation permet de limiter l'influence des dissidents et de repousser le plus longtemps possible une éventuelle scission : si elle doit finalement avoir lieu comme dans le cas de Pasqua, son impact sera d'autant plus limité sur le parti. Ces éléments montrent la manière avec laquelle le RPR a séquencé et segmenté le débat européen afin de limiter l'influence que peuvent exercer des courants minoritaires sur cet enjeu. Ainsi, le cas du RPR permet d'illustrer d'une

52 Françoise Boucek, "Rethinking Factionalism: Typologies, intra-party dynamics and three faces of factionalism", *Party Politics*, vol. 15, n°4, 2009, p. 455-85.

manière générale comment plus un parti de gouvernement est divisé sur l'Europe lors d'un référendum, plus il cherchera à tolérer et à coopter les dissidents, légitimant les « voix » euro-critiques dans l'immédiat tout en réaffirmant plus tard le consensus pro-européen. Incapables d'empêcher que le clivage européen ne devienne un enjeu clivant dans les contextes propices à la politisation que constituent les référendums, les directions partisanes des partis pro-européens d'opposition peuvent être amenées à séquencer leurs réponses, afin de limiter ces processus de politisation à des configurations politiques spécifiques et exceptionnelles, et afin de résister par là même à une restructuration plus vaste des lignes de conflit traditionnelles.

[Lectures]

Jean-Claude Caron, *Frères de sang. La guerre civile en France au XIXe siècle*, Seyssel, Champ Vallon, coll. « La chose publique », 2009, 312 p.

Avec ce livre, Jean-Claude Caron poursuit un travail de recherche et de réflexion sur la violence politique et sociale dans la France du XIXe siècle entrepris depuis une douzaine d'années à travers plusieurs ouvrages personnels et collectifs.

Il inaugure cette nouvelle étude en mettant en évidence l'ancienneté et la persistance du procès en guerre civile dans les controverses politiques et sociales en France même et plus largement en Occident. Il esquisse à grandes enjambées les invariants et les mutations de ce thème depuis l'Antiquité. Alternant amples perspectives cavalières à travers les siècles, les cultures et les civilisations et exégèses minutieuses de certains épisodes ou discours, il s'essaie tout à la fois à produire une théorie générale de la guerre civile et une dissection exhaustive de quelques études de cas centrées sur la France du plein XIXe, qui est son domaine de prédilection. Il combine ainsi rapprochements hardis et analyses érudites dans un impressionnant corpus bibliographique pluridisciplinaire récapitulé en fin de volume, qui va de la mythologie grecque aux grands penseurs occidentaux contemporains.

Il brasse ainsi des réalités qui apparaissent complexes et des sentiments et des discours politiques, philosophiques et même historiographiques qui semblent souvent contradictoires.

La guerre civile peut être considérée comme une étape nécessaire dans la marche vers le progrès et l'avenir radieux : Michelet constate la discorde nationale de 1789 pour identifier et exalter la recherche de la concorde civique par et après la Révolution. Cette guerre civile peut aussi être considérée par les auteurs du XIXe siècle aussi bien comme une réalité récurrente du temps, vraie « exception française », ou comme une succession de soubresauts résiduels dans une époque marquée par une pacification décisive du champ sociopolitique. Elle est aussi souvent appréhendée tant comme une spécificité nationale liée à la conception française d'une souveraineté surplombant les individus et la société que comme une étape universellement nécessaire vers l'avènement de l'État-nation libéral-démocratique. Il y a ainsi pour nos aïeux de bonnes et de mauvaises guerres civiles, ces jugements ne recoupant pas le clivage droite-gauche (Chateaubriand comme Bakounine y voyant un procédé possible de régénération sociale auquel sera encore sensible Montherlant au siècle suivant), même si les jugements négatifs tendent de plus en plus à l'emporter au cours du siècle considéré. La disqualification de la guerre civile progresse avec la consolidation du fait national. Toutefois, pour l'auteur, le traitement intellectuel et juridique de la guerre civile est à relier au contexte d'enracinement national et de revendication de la légalisation du mouvement social. Penser la guerre civile revient alors à penser la société civile et le corps politique. La notion de guerre civile se trouve cependant prise dans l'ambivalence entre « civilisation des mœurs » (que Tocqueville, avant Elias, croit pressentir avec la marche à la démocratie) et « brutalisation » des conflits contemporains ainsi que dans la contradiction entre réglementation plus stricte des lois et coutumes de guerre et déni des droits de l'antagoniste dans la guerre civile.

L'adversaire partisan ou social est de fait démonisé et accusé de tous les crimes et de toutes les horreurs, et voué en paroles voire en actes à l'extermination : il en est ainsi notamment des insurgés de juin 1948 puis des Communards. De même, du moins jusque vers 1880, le pardon officiel des actes de « guerre sociale », « guerre servile » ou « lutte des classes », selon les mots des conservateurs du siècle, est lent et à effet éphémère. Semblant donner en partie raison à Tocqueville, Jean-Claude Caron voit dans le triomphe de la République parlementaire dans ses dimensions démocratiques, patriotiques et sociales l'antidote décisif au perpétuel retour de la guerre civile, malgré la résurgence ultérieure d'idéologies de la guerre sociale, notamment chez Sorel. Il invite en conclusion à prendre en compte la distance un peu mystérieuse existant entre ce XIXe siècle français des grandes luttes politiques et le temps qui est le nôtre, qui conditionne inévitablement pour partie l'historien, même érudit et averti.

Si l'on peut critiquer certaines allusions historiographiquement discutables (l'auteur brocarde ainsi le « mythe résistancialiste » selon lui salutairement mis à mal par *Le Chagrin et la Pitié*), on s'interrogera surtout sur le hiatus entre le titre de l'ouvrage et son contenu qui balance entre essai transhistorique et étude précisément contextualisée. Néanmoins, *Frères de sang* reste indubitablement suggestif aussi bien pour l'appréhension de la France du XIXe siècle que pour l'histoire de la violence tant sous l'angle de la pratique que sous ceux du discours et de l'analyse.

Renaud Quillet

Karine Salomé, ***L'ouragan homicide. L'attentat politique en France au XIX*****e** ***siècle*****, Seyssel, Champ Vallon, 2011, 320 p.**

L'étude de Karine Salomé s'inscrit dans le renouvellement de l'histoire politique de la France au XIXe siècle initié par Alain Corbin et poursuivi par ses disciples comme Corinne Legoy[1] ou Emmanuel Fureix[2]. Les attentats perpétrés contre les représentants de l'autorité politique, de la tentative manquée de la rue Saint-Nicaise contre Bonaparte en 1800 à l'assassinat de Sadi Carnot en 1894, constituent l'objet de cette enquête qui se présente comme une synthèse sur un thème qui n'avait été envisagé jusque-là que sous la forme de monographies ou, au contraire, de réflexions plus larges sur la genèse du terrorisme. Elle se veut attentive aux continuités et aux inflexions qui marquent la période considérée, en consacrant notamment des pages bien informées et novatrices à la séquence anarchiste de la fin du siècle. Elle privilégie l'examen des *représentations* de l'attentat, en s'attardant sur les commentaires que les pouvoirs mais aussi la presse et l'opinion publique produisent pour donner sens à l'événement.

Dans une première partie, Karine Salomé s'emploie à circonscrire les modalités de l'attentat politique : armes employées, lieux où il se produit, premières réactions et relations consécutives à ce qui représente toujours une déchirure dans la trame ordinaire du temps. Elle note ainsi l'éclipse progressive de l'arme blanche au profit de l'arme à feu, dont l'usage culmine avec le recours systématique à la dynamite par les auteurs d'attentats anarchistes. Dans cette évolution, il faut voir bien sûr l'incidence des progrès techniques accomplis durant le siècle et la transposition dans l'ordre de la violence politique des nouvelles manières de combattre sur les champs de bataille (à partir du Second Empire), mais aussi la dépersonnalisation toujours plus marquée de l'autorité politique. Les attentats « aveugles » du dernier tiers du siècle qui s'en prennent à des abstractions comme l'État ou la bourgeoisie suscitent ainsi une incompréhension très large, voire une nostalgie rétrospective de l'attentat romantique, caractérisé par le face-à-face entre l'« attentateur » – le terme voit le jour lors de l'attentat perpétré par Darmès contre Louis-Philippe –, et sa cible. Karine Salomé s'appuie ici sur les nombreuses recherches menées dans le champ de l'histoire des sensibilités, confirmant l'abaissement du seuil de tolérance à une

---

[1] *L'enthousiasme désenchanté. Éloge du pouvoir sous la Restauration*, Paris, Société des études robespierristes, 2011.

[2] *La France des larmes. Deuils politiques à l'âge romantique (1814-1840)*, Seyssel, Champ Vallon, 2009.

violence qui pouvait encore être comprise dans la première moitié du siècle comme une persistance des passions révolutionnaires.

La deuxième partie de l'ouvrage porte sur les enquêtes auxquelles donnent lieu les attentats politiques. Si l'expertise ne se développe vraiment que sous la monarchie de Juillet pour se perfectionner sous la IIIe République, contribuant à concentrer davantage l'attention sur le procédé employé et les destructions engendrées que sur la finalité du geste, les autorités restent durablement hantées par la possibilité, rarement avérée dans les faits, d'un complot : très vive dans la première moitié des années 1830 quand la légitimité de Louis-Philippe est intensément contestée, ou dans les premières années d'un Second Empire fragilisé par l'absence d'héritier, cette inquiétude tend à se dissiper avec l'enracinement du régime républicain et l'insignifiance croissante de l'attentat aux yeux des contemporains. Cette tendance est du reste encouragée par les commentaires autorisés de l'événement, qui travaillent à le vider de toute consistance politique et présentent paradoxalement les auteurs comme des marginaux sans perspective ou des criminels de bas étage.

Enfin, l'auteure approche au plus près le noyau dur des motivations de l'attentat. Karine Salomé expose bien les limites de cette entreprise, tributaire de sources qui laissent peu de place à la parole des « attentateurs ». Elle démêle patiemment l'écheveau des représentations qui ordonnent les investigations et déterminent l'interrogatoire. Les dénégations des acteurs eux-mêmes, souvent affiliés à des sociétés secrètes et attachés à ne pas confondre leurs éventuels complices, ajoutent à la difficulté de l'exercice. La chronologie des attentats plaiderait pour une corrélation entre recours à une forme extrême d'expression politique et le rétrécissement du répertoire des actions légales. Ainsi la multiplication des tentatives de régicide sous la monarchie de Juillet, après 1835, correspond-elle au moment du raidissement autoritaire du régime. L'étude insiste de plus sur les réserves jusque dans les milieux anarchistes quant à la pertinence du recours à la violence extrême. Peut-être Karine Salomé sous-estime-t-elle ici le poids de cette « culture de l'insurrection » naguère étudiée par Pierre Rosanvallon[3] sous les traits du blanquisme, auquel semblent se rapporter nombre des attentats qu'elle explore ; il s'agit, au-delà de la personne du souverain, de provoquer un choc salutaire, une déstabilisation féconde. De l'énergie de la déflagration doit éclore une nouvelle ère. L'imaginaire de la grève générale au début du XXe siècle semble encore l'héritier de cette stratégie.

---

[3] *La démocratie inachevée. Histoire de la souveraineté du peuple*, Gallimard, 2000.

Au final, une étude bienvenue qui devrait encourager à présent quelques explorations monographiques approfondies, notamment sur l'attentat d'Orsini qui, à bien des égards, apparaît comme un tournant majeur dans l'histoire de la violence politique au XIXe siècle.

Fabrice Lascar

Jean Garrigues, *Les hommes providentiels. Histoire d'une fascination française*, Paris, Seuil, 2012, 480 p.

Quel dénominateur commun entre Bonaparte, Thiers, Clemenceau et Mendès France ? Ils ont été acclamés par la ferveur populaire, identifiés à la Nation en péril. Héros guerriers revisitant la destinée d'Alexandre ou modernisateurs tournés vers un futur rêvé, libérateurs du territoire ou apôtres de la Victoire, ces hommes forment un improbable aréopage républicain. Il existe des sauveurs éphémères tel Boulanger ou des oubliés, comme Mandel. Même les errances du régime de Vichy n'ont pu guérir les Français de cette fascination. Jean Garrigues ausculte cette fascination française, contemporaine de notre modernité politique. En effet, la pensée républicaine n'a cessé de générer un panthéon officieux, souvent regardé avec suspicion par les élites qui redoutent le péril césarien. Ces généalogies se vivent souvent en miroir. Clemenceau, lors de la Grande Guerre, évoque les mânes de Gambetta. De Gaulle, à l'heure de la victoire, s'incline devant la statue du Père la Victoire, réponse à la prière lancée au cœur du conflit : « Au fond de votre tombe vendéenne, aujourd'hui 11 novembre, Clemenceau ! Vous ne dormez pas ! » Signe d'une figure qui se régénère dans la trajectoire du héros solitaire, sauveur garantissant le sursaut patriotique… Ainsi, l'avènement de la démocratie républicaine est inséparable du recours au surhomme, par une incarnation de la souveraineté qui obscurcit son identité parlementaire.

Le pluriel du titre ne relève nullement du hasard : ces hommes providentiels, replacés dans les circonstances historiques de leur ascension, ne se laissent pas réduire à une norme générique. Les idéaux-types en sont exclus, à commencer par Jeanne d'Arc, ce qui explique le caractère exclusivement masculin de ces surgissements prodigieux. Les circonstances de leur venue sont variées : crise économique (Poincaré ou Pinay), occupation du territoire (Thiers ou Pétain), esprit de résistance (Clemenceau ou de Gaulle), vague antiparlementaire (Boulanger ou Doumergue)… Du sage réformateur au conquérant charismatique, ces personnalités recouvrent une gamme variée d'attentes, traduisant toujours un moment intense d'émotion collective, sans sous-estimer le conformisme social qui permet de nuancer l'adoration. Anecdote révélatrice, telle paysanne du Languedoc s'exclame, au passage du général de Gaulle, « Vive le Maréchal ! »

Les hommes providentiels échappent au domaine du rationnel, et s'intègrent dans le champ de la sensibilité et de la subjectivité. Chansons, adresses, poèmes détaillent l'intensité de ces vœux. Incarnant l'espérance, législateur et tribun, l'homme providentiel n'apparaît pas miraculeusement sur la scène publique. Certes, certains répugnent à endosser le rôle : Clemenceau est accablé par le délire collectif qui entoure sa voiture en juillet 1914. Se défendant de tout miracle, il s'entend répondre par un député catholique « Dieu se sert de vous pour les accomplir » (p. 251). Dans la majorité des cas, l'attente est attisée par une propagande précocement menée. Lorsque Bonaparte débarque à Fréjus, en octobre 1799, sa popularité a été entretenue par la presse, qui diffusa le récit légendaire de ses exploits. La figure du sauveur est tracée deux ans avant Brumaire, la gloire du général victorieux contre les manœuvres des factions, le génie assurant la « résurrection » de la patrie en danger.

Les hommes providentiels doivent être reconnus. C'est pourquoi ils arpentent le territoire national. Louis-Napoléon Bonaparte va « mettre quatre ans pour se faire un prénom » (p. 125) : il visite la province qui l'a plébiscité sans le connaître, accompagné d'un train de journalistes. À l'âge des foules, Gambetta, héraut de la République, parcourt également les campagnes. La similitude de ces pérégrinations pose le problème de la personnalisation du projet républicain. Si Gambetta prétend combattre pour un idéal menacé par l'Ordre moral, il investit néanmoins une stratégie d'incarnation : « commis voyageur » ou messie de la République ? Ses ennemis useront de l'ambiguïté. Voir la haute stature du général rassure tout un peuple, mythe résistant occultant la réalité. Brutale transmutation inspirant Gaston Bonheur : « (…) voici qu'aussitôt le proscrit de 40 apparaît comme providentiel, l'écrivain de 34 comme inspiré, le lieutenant de 14 comme auréolé » (p. 254).

« Peut-être aurai-je écrit les dernières pages du livre de notre grandeur », s'était demandé de Gaulle en 1953. La lignée est-elle éteinte ? La conclusion explore les raisons de la désaffection de notre histoire messianique. La version optimiste : la stabilisation des institutions, par les phases d'alternance, introduit une normalité républicaine, alors que l'élection du président de la République au suffrage universel direct a ritualisé l'appel au sauveur (p. 446). La version pessimiste : l'avènement de la démocratie d'opinion a banalisé l'homme politique, noyé dans le flux des gloires éphémères. Le *storytelling* fabrique des vedettes, et non des héros : après les Cincinnatus et les Solon, voici venu « le temps des Olybrius ». Or l'incarnation du mythe assurait la sublimation du politique, installant les grands républicains dans un espace syncrétique propre à forger la légende nationale, aujourd'hui affadie par des récupérations politiciennes.

Juliette Glikman

Ludivine Bantigny et Arnaud Bauberot (dir.), ***Hériter en politique. Filiations, générations et transmissions politiques (Allemagne, France et Italie, XIXe-XXIe siècle)*****, Paris, PUF, 2011, 392 p.**

Issu d'un colloque (Sciences Po, 2009), ce livre examine la constitution et la perpétuation des cultures politiques, ainsi que les mécanismes à l'œuvre dans leurs transmissions d'une génération à l'autre. À travers des exemples français, allemands et italiens, les contributions détaillent divers aspects de la notion d'héritage, dont l'introduction de Ludivine Bantigny propose une synthèse conceptuelle.

Les premiers articles se penchent sur la manière de transmettre et de recevoir un héritage politique. Olivier Tort trace le portrait d'héritiers revendiqués, les royalistes de la Restauration, dont l'identité politique semble tenir à leur héritage même, celui de la noblesse, du service de l'État, de la mémoire de la Contre-révolution. En examinant de près les « réalités biographiques », il met cependant au jour des « failles » dans ce modèle et souligne l'incapacité des royalistes à se mettre d'accord sur la part essentielle de leur héritage à défendre. C'est cette même difficulté à faire vivre un héritage qu'illustre le cas d'Alexandre Ribot. Walter Badier étudie la constitution du patrimoine intellectuel et politique libéral de celui-ci, avant de s'interroger sur son influence sur la génération suivante. Si l'héritage de Ribot n'a été que peu revendiqué, les legs de Jaurès ou de Mazzini ont nombre de prétendants. Romain Ducoulombier examine ainsi la génération des premiers communistes dont il « recompose le processus de leur politisation » entre « filiations et ruptures », entre inexpérience supposée et volonté de régénération d'une tradition révolutionnaire ouvrière, entre les héritages de Wilson, de Lénine et de Jaurès, dont l'attitude possible en 1914 suscite des interprétations conflictuelles entre minoritaires et majoritaires. Les héritiers peuvent se disputer un héritage, ils peuvent aussi opérer un tri au sein de celui-ci : Jean-Yves Frétigné montre comment, dans l'Italie unifiée de la fin du XIXe, des intellectuels positivistes engagés en politique ont pu se réclamer de l'héritage d'un Mazzini, pourtant antipositiviste, en sélectionnant avant tout dans le legs mazzinien un héritage moral. Avec l'exemple des partis communistes français et italien depuis 1989, Marc Lazar propose un autre « terrain d'expérimentation » et décrit deux cheminements chaotiques et divergents face à leur passé. Revendiqué, remanié, l'héritage peut aussi être « fabulé » au service d'une propagande et d'une idéologie : Johann Chapoutot analyse le processus de construction et de diffusion par les nazis d'une « histoire » qui puise ses références dans l'Antiquité et participe à la construction d'une culture de la violence.

La deuxième partie de l'ouvrage est consacrée à la formation des jeunes générations par les organisations politiques, à la place qui leur y est laissée et à la manière dont elles se saisissent d'un patrimoine. Arnaud Bauberot observe la concurrence entre catholiques et communistes dans l'encadrement de l'enfance à Ivry-sur-Seine par le biais des colonies de vacances dont les programmes sont conçus comme des outils de transmission d'un héritage politique ou religieux. Marnix Dressen souligne le rôle des associations de jeunes, facteur important de l'orientation politique des jeunes gens qu'il étudie, ceux qui, dans les années 1970, ont choisi l'établissement, sans que leurs héritages familiaux, sociaux ou religieux constituent une explication suffisante. Les organisations de jeunesse propres aux partis politiques sont examinées à travers plusieurs études de cas : Yannick Beaulieu et Jean-Paul Salles s'intéressent à la formation des jeunes trotskystes français (LCR) et italiens (GCR), auxquels sont transmis, à travers écoles de formation et journaux, des principes théoriques mais aussi un ethos militant. Christine Bouneau dégage, sur le temps long, de la fin du XIXe aux années 1960, un « mode d'emploi » de la transmission chez les jeunes socialistes français. Mathieu Dubois étudie, chez leurs homologues allemands, la génération des soixante-huitards passés par les *Jungsozialisten* et ayant accédé à des postes de responsabilité à la fin des années 1990, en mêlant leur propre héritage, 1968, et celui de la génération précédente, Bad-Godesberg. C'est cette possibilité, prendre la « relève » de ses aînés, que Frédéric Fogacci sonde à propos des radicaux de la IVe République. L'héritage fait de réseaux et de notabilités est alors d'autant plus difficile à saisir pour la jeune génération que la précédente est réticente à laisser sa place et retarde les passations de pouvoir.

Ce questionnement sur la formation des jeunes militants se poursuit dans une troisième partie consacrée à la jeunesse étudiante. Celle de la Restauration française est étudiée par Mathieu Brejon de Lavergnée qui, à travers la Société des Bonnes Études, souligne le rôle des « conférences » et des maîtres dans l'éducation politique des étudiants de droite, mais montre aussi l'influence sur ces jeunes gens de leurs pairs et des débats de leur temps, dans un contexte d'émergence du catholicisme libéral. Celle de la Restauration italienne est abordée par

Ariana Arisi Rosa avec la *Giovine Italia.* Elle analyse la façon dont Mazzini s'adresse à sa génération et à la manière dont la jeunesse italienne répond à cet appel en y apportant parfois des « distorsions » et des « déviations » ; c'est cependant dans une « génération contiguë », porteuse d'autres héritages, que le message mazzinien rencontre le plus de critiques. Les groupements politiques étudiants en gestation dans les années 1960 ne peuvent faire l'économie de ce positionnement face à leur possible héritage. Olivier Dard étudie ainsi les lignes de rupture de la Fédération des étudiants nationalistes avec l'héritage traditionnel du nationalisme français, notamment dans la recherche de références à l'étranger et dans les méthodes de recrutement et de formation d'un « militant de type nouveau » inspiré du modèle bolchevik – dans l'idée qu'il faut connaître les armes de l'adversaire pour les retourner contre lui. C'est aussi à la (re)constitution d'un héritage politique, celui des étudiants de la nouvelle gauche allemande dans une Allemagne des années 1960 « oublieuse de son passé récent », que s'intéresse Christiane Kohser-Spohn, entre nécessaires « tris » et inévitables « querelles », entre références à l'histoire allemande, « maîtres à penser » et impact du mai 1968 français. Ce sont ces mêmes événements comme héritage qui concluent cette partie. Ludivine Bantigny met trois mouvements étudiants en miroir de celui de 1968. Elle en souligne les affinités – dans le ton des slogans ou l'espoir d'une grève générale – mais montre aussi que ces comparaisons ne doivent masquer l'originalité ni de l'organisation, ni du répertoire d'action, ni de l'expérience générationnelle que constitue chacun de ces moments.

La dernière partie de l'ouvrage s'intéresse à l'héritage comme « affaire de famille » notamment à travers deux « héritiers » : Geoffroy de Montalembert et Giorgio Amendola. Le premier, étudié par David Bellamy, a reçu de ses parents une culture politique traditionnelle fondée sur la nécessité de servir la France et le respect de la religion. Néanmoins l'expérience de la Grande Guerre comme le temps de Vichy ont conduit Montalembert à des arbitrages, à des aménagements de ce patrimoine. La filiation entre « le national-libéral Amendola père » et « le communiste Amendola fils » est, a priori, moins évidente. Frédéric Attal montre cependant que l'héritage du fils est triple : l'antifascisme, les valeurs de l'Italie libérale, une éducation et des réseaux qui ont contribué à son aisance en politique. La question de la transmission familiale des valeurs politiques est examinée par Emmanuel Droit au sujet de l'opposition lycéenne à la répression du Printemps de Prague : il y voit le signe d'une « transmission ratée » envers une génération à laquelle l'infaillibilité du Parti avait été inculquée et par l'école et par leurs familles. Enfin Louis Hincker sonde les discordances entre la « généalogie réelle » et la « réalité fictive » de la mémoire familiale de

Michel Leiris. À travers le cas du lignage révolutionnaire de l'écrivain, de l'imaginaire familial et de son écriture, entre le texte et l'archive, il interroge les mécanismes mémoriels et la place qu'y ont l'oubli, la transformation et la « réinvention ».

Ce livre offre une réflexion très riche sur la constitution des patrimoines politiques et sur les différents usages de l'héritage, en croisant, de manière très stimulante, les notions de tradition, de filiation, de génération et de mémoire. La conclusion d'Anne Muxel tire des enseignements très éclairants des différents exemples traités et propose d'« inverser notre regard » sur ce qui s'hérite et ce qui ne s'hérite pas, sur le legs qui est transmis et sur le patrimoine que l'on acquiert.

Marie Aynié

Jean-Louis Crémieux-Brilhac, *Georges Boris. Trente ans d'influence. Blum, de Gaulle, Mendès France*, Paris, Gallimard, coll. « La suite des temps », 2010, 460 p.

La retraite venue, Jean-Louis Crémieux-Brilhac s'est affirmé en quelques livres comme un contributeur majeur à l'histoire du XXe siècle français. Son dernier ouvrage est consacré à Georges Boris, acteur important mais méconnu – il n'existait jusque-là qu'un volume d'hommage posthume et une thèse de troisième cycle restée inédite de Marie-France Toinet – de notre vie publique, qu'il a côtoyée régulièrement de 1942 à sa mort en 1960.

Cette longue lacune bibliographique s'explique sans doute notamment par le fait que Boris n'a laissé à sa mort que très peu de papiers. Jean-Louis Crémieux-Brilhac a pallié magistralement ce handicap en s'avérant un exceptionnel « inventeur » de sources publiques et privées, françaises et étrangères.

Issu d'une vieille famille juive alsacienne puis lorraine, ayant opté pour la France en 1871 et s'étant reconvertie dans l'import-export, Boris, né en 1888, avait, par les origines, le capital familial et la sensibilité artistique, tout pour être une parfaite incarnation de Swann. Son goût des affaires publiques en décida autrement.

Après une initiation aux affaires internationales au Brésil, à Ceylan, puis en Europe – entrecoupée chez ce réformé militaire d'une contribution à la recherche d'appuis économiques pour les Alliés durant la Grande Guerre –, Boris inaugure sa carrière d'homme d'influence à la quarantaine, à travers la vocation d'homme de presse. À la suite d'une première expérience journalistique au *Quotidien*, sous le signe du Cartel des Gauches, avec un Henri Dumay qu'il découvre peu scrupuleux, il trouve sa voie en fondant en 1927 *La Lumière*, hebdomadaire politico-littéraire ancré dans la gauche non communiste, qu'il contribue de ses deniers à maintenir jusqu'à la guerre, et auquel il veille à donner un rôle d'organe prestigieux par le choix de ses collaborateurs et un caractère pionnier dans la plupart des champs de la vie publique et de la culture. Cela lui vaut de devenir personnellement une cible récurrente des publications concurrentes de droite et d'extrême droite. Membre de la SFIO, très indépendant d'esprit, il noue une relation confiante avec Blum, dont le rapprochent les origines et les goûts. Il fait ainsi connaître au chef socialiste et à l'opinion le *New Deal*, qu'il est allé observer sur place, à travers son livre de référence *La Révolution Roosevelt*, puis les apports de Keynes, dont il est l'un des premiers lecteurs en France de *La Théorie générale*. Cela lui vaut d'être directeur de cabinet de Blum lors de l'éphémère expérience de mars-avril 1938, et le premier concepteur du plan d'inspiration keynésienne de relance économique par le réarmement resté attaché à ce bref ministère. Il a dans ce cadre l'occasion de connaître le jeune sous-secrétaire d'État Mendès France, dont il va devenir et rester le mentor.

Engagé volontaire en 1939, il rejoint, sous l'uniforme, la France libre à peine naissante. Il voue aussitôt une confiance et une reconnaissance indéfectibles à un de Gaulle qui a su ne pas lui tenir rigueur de sa qualité de juif de gauche. Il va jouer dès lors à Londres un rôle, jusqu'à présent méconnu par les histoires officielles et universitaires, dans l'animation de l'activité radiophonique, puis, en outre, à partir de 1943, dans le financement, la propagande et l'armement de la Résistance. Parallèlement, il se soucie de la reconstruction économique après la Libération et prône les vertus du planisme. Il ne réussit que partiellement à convertir de Gaulle à ses vues et voit Monnet lui subtiliser en 1946 la responsabilité du Plan, que son rival orientera dans un sens nettement plus modeste et libéral. Sans doute Boris lui-même a-t-il des conceptions planistes nourries de quelques illusions sur le modèle soviétique, mais il fait preuve au lendemain de la guerre d'une prescience qu'on peut juger aujourd'hui remarquable sur les inconvénients d'un libre-échangisme généralisé sous inspiration américaine.

Désavoué dans ses suggestions économiques et de Gaulle retiré du pouvoir, Boris va s'attacher définitivement au service de Mendès France, tout en assumant les charges de représentant de la France dans des institutions onusiennes. Il est ainsi un homme d'influence sans égal et le véritable patron des cabinets de Mendès France en 1954-1955 et 1956. 1958 le trouve déchiré entre ses attachements mendésien et gaullien. Il choisit Mendès France, qu'il juge avoir plus besoin de lui, tout en gardant à l'occasion l'oreille d'un régime gaullien naissant.

Il consacre enfin ses dernières forces à tenter de faire émerger une force socialiste moderne autour du jeune Parti socialiste autonome, apte à soutenir Mendès France en écartant à la fois les vieux dogmes SFIO et un *Bad Godesberg* français.

C'est tout le mérite d'un Jean-Louis Crémieux-Brilhac nonagénaire d'avoir pris le temps et la peine de ressusciter enfin, dans ce *Georges Boris*, avec élégance, précision et sympathie, mais sans complaisance, une figure lumineuse de patriote et d'humaniste.

Renaud Quillet

Jean-Marc Bagnol, ***Le Midi viticole au Parlement. Édouard Barthe et les députés du vin de l'Hérault (années 1920-1930)*****, Montpellier, PU de la Méditerranée, 2011, 462 p.**

L'ouvrage de Jean-Marc Bagnol comble un vide certain dans le domaine de l'histoire vitivinicole contemporaine comme dans celui de l'histoire politique française durant les années 1920-1930. Issu d'une thèse soutenue en 2010 à Montpellier, ce livre revient sur l'action décisive des élus de l'Hérault en matière de législation vitivinicole au Parlement pendant l'entre-deux-guerres. L'auteur ne se contente pas d'une approche unilatérale et cloisonnée du sujet mais varie les échelles d'analyse pour comprendre les modes d'action de ces élus du vin. En outre, cet ouvrage a pour rare vertu d'envisager la vigne et le vin non comme une fin en soi, mais comme une entrée d'analyse vers une histoire des politiques parlementaires de la fin de la IIIe République. Très complet, avec ses nombreux tableaux, schémas, graphiques ou cartes qui, dans le corps du texte comme en annexe, viennent illustrer et synthétiser avec clarté la réflexion. Les annexes contiennent aussi un lexique, une liste des sources utilisées, une chronologie et une présentation biographique des députés de l'Hérault de la période. Seule manque une bibliographie, manque que l'auteur justifie par une contrainte éditoriale.

Dans un premier temps, l'auteur situe les élus dans leur circonscription. Ainsi, après une étude prosopographique de ces députés, il évoque leur ancrage local. Dans le Midi, la vitiviniculture s'impose comme thème majeur des débats. Ensuite, J.-M. Bagnol parvient avec succès à situer les élus de l'Hérault dans l'hémicycle, à décrire leurs méthodes et les arguments qu'ils avancent pour la défense des intérêts viticoles du Midi. Afin d'illustrer la position des élus du Midi et les interactions existant avec les députés des autres régions viticoles, l'ouvrage revient avec bonheur sur l'étude du vote de la loi du

4 juillet 1931 (Statut de la viticulture). Une partie de ce chapitre tente alors de situer politiquement les parlementaires héraultais et de dégager les orientations en matière de législation vitivinicole. Malheureusement, si l'exercice permet d'expliquer certains choix, on peut, cependant, regretter que l'auteur n'ait pas produit une analyse plus approfondie des courants politiques au sein des partis et des alliances électorales d'occasion.

En parcourant le deuxième chapitre consacré au lobbying viticole, le lecteur perçoit les multiples leviers institutionnels, politiques et professionnels de l'action pour la défense des intérêts viticoles des administrés du Midi. Une partie de l'analyse est logiquement consacrée à la Commission des Boissons de la Chambre des députés. Sont évoquées sa composition et ses actions – en particulier celles des élus héraultais. L'auteur effectue une étude quantitative précise, met en avant les compétences techniques et évoque rapports, propositions de lois et arbitrages de la Commission. La suite de l'ouvrage, consacrée aux autres relais de pouvoir utilisés par les élus du Midi, a capté toute notre attention. Une fois de plus, l'auteur intègre les jeux d'échelles et s'appuie sur de nombreuses archives. Sont évoqués avec précision les liens et réseaux locaux en rapport avec les actions nationales des élus dont, en premier chef, Édouard Barthe. Ce personnage rythme les pages de l'ouvrage, tant son action et ses fonctions font de lui l'élu incontournable de la vigne et du vin dans le Midi, en France et dans le monde (présidence de l'Office international de la vigne). Avec Barthe essentiellement, l'ouvrage cerne les relais de pouvoir organisés autour des députés du Midi. Sont ainsi pointés les liens entre les députés et les syndicats locaux. On y apprend l'importance des désaccords entre la puissante Confédération générale du Midi et Barthe ; ce qui conduit ce dernier à créer la Ligue des petits et moyens viticulteurs, syndicat sur mesure capable de le soutenir localement. Ces réseaux s'appuient sur des organes de presse ou des associations de propagande. Reste que pour étayer ce passage sur les relais de pouvoir, un développement sur la Fédération des associations viticoles de France aurait été souhaitable. Cette entité de référence nationale pour les viticulteurs influence, en effet, fortement les orientations de la Commission des Boissons. En conclusion de ce chapitre, J.-M. Bagnol propose une étude très intéressante de l'album de souscription rédigé lors du Jubilé d'Édouard Barthe en 1937. L'auteur reconstitue méthodiquement les réseaux de pouvoir gravitant autour d'Édouard Barthe et en pointe les évolutions.

En dernier ressort, l'auteur étudie en profondeur les différentes lois vitivinicoles de l'entre-deux-guerres ; textes bien souvent portés par les élus du Midi, Barthe en tête (blocage, rendements, distillations, régime des alcools, carburant national, etc.). Analysant les débats parlementaires, les archives de la Commission interministérielle de la viticulture (CIV) ou encore celles de la Commission des Boissons, J.-M. Bagnol met en exergue les discussions et controverses liées aux textes cherchant à endiguer les récurrentes crises de surproduction des années 1930. L'auteur montre l'interventionnisme d'État dans ces périodes. Il insiste sur le rôle décisif du Parlement mais note le poids croissant du gouvernement (CIV) dans le processus décisionnel et son application concrète (décret-loi du 30 juillet 1935).

Cet ouvrage le prouve : les députés du Midi et Barthe jouent un rôle fondamental dans cette lutte contre les crises vitivinicoles de l'entre-deux-guerres. Ils agissent au cœur des réseaux efficients de la République. Porte-parole des viticulteurs héraultais dans les années 1920, ils développent ensuite les bases d'une politique plus globale d'interventionnisme anti-crise. Parfois divisés, ces élus participent fortement à la définition des lois visant à assainir, échelonner et financer le marché des vins, à définir ses normes de production et de commercialisation.

Restent quelques points que l'ouvrage n'aborde pas et qui auraient situé Barthe et les élus du Midi dans l'ensemble des débats vitivinicoles hexagonaux. Des épisodes clés comme l'arbitrage de Barthe en Champagne ou la tournée de la Commission des Boissons dans les régions viticoles en 1930-1931 auraient pu être relatés. Ces moments politiques sont déterminants : le Parlement de la République investit les campagnes, écoute la ruralité, arbitre. Le passage de Barthe dans les régions où se mettent en place les appellations d'origine est ainsi capital pour la future configuration du vignoble national. Quoi qu'il en soit, cet ouvrage pionnier très fourni s'appuie sur un nombre considérable d'archives, et convie les lecteurs à se pencher sur les rapports entre le local et le national. Il aide également à mieux comprendre les lieux de pouvoirs et de décisions des parlementaires sous la IIIe République, grâce à son étude inédite de la Commission des Boissons. Il évoque, enfin, avec pertinence et nouveauté, les problématiques d'interactions entre acteurs de la viticulture et monde politique. Cette étude n'est pas seulement nécessaire à l'appréhension de l'histoire vitivinicole française, elle s'inscrit dans une démarche d'analyse plus générale applicable à d'autres vignobles et d'autres terrains.

Olivier Jacquet

Pierre Vayssière, *Fidel Castro. L'éternel révolté*, Paris, Payot, 2011, 668 p.

Il existe de nombreux ouvrages, ne serait-ce qu'en langue française, sur le *Lider Maximo*, mais le choix est le plus souvent entre l'hagiographie et le pamphlet au vitriol. Pierre Vayssière, professeur émérite à l'Université de Toulouse II Le Mirail et spécialiste reconnu de l'Amérique latine contemporaine, peut donc *a priori* être loué de s'essayer à une telle biographie. Le titre, à vrai dire, pourrait laisser supposer un énième portrait complaisant, alors qu'en fait, le bilan dressé de l'œuvre du « Maître de Cuba » est globalement négatif.

Un obstacle majeur à une semblable entreprise est l'impossibilité d'accéder aux archives d'État de Cuba pour qui n'est pas un partisan déclaré du régime castriste, ainsi que de consulter les papiers personnels de l'intéressé. M. Vayssière n'a pas non plus voulu ou pu avoir d'entretien avec le sujet de son étude : il est vrai que celui-ci sait se montrer redoutablement retors dans ce genre d'exercice, auquel il s'est prêté maintes fois. L'universitaire français a donc tenté de pallier ces lacunes par une documentation riche et variée : textes et déclarations de Castro mis en ligne en très grand nombre, archives américaines publiées, très nombreux livres et articles de presse en français, anglais et espagnol, émissions radiophoniques et télévisées, documentaires militants ou non, *etc.*

Cette biographie est aussi pour une large part une histoire de Cuba au XXe siècle, tant il est vrai que Castro s'identifie, quoi qu'on en pense, avec le destin de son île depuis des décennies.

Au fil des pages, se déroulent les phases et les facettes tantôt familières, tantôt méconnues, voire mystérieuses, de la vie et de la destinée du *Lider Maximo.* Hasard ou déterminisme propre à d'illustres autocrates contemporains, Castro, enfant naturel tardivement légitimé, a ainsi entretenu des rapports assez constamment difficiles avec son père. Par éducation, par sensibilité et par imprégnation culturelle, il a depuis l'adolescence ressenti, comme beaucoup de Latino-américains et particulièrement de Cubains de son temps, un mélange de fascination et de haine pour les États-Unis. Grand sportif, tribun né malgré une voix haut perchée, il a, dans sa jeunesse estudiantine, manifesté tout à la fois une boulimie de lectures riches et variées, une vocation de chef charismatique, une habileté à se couler dans les méandres de la vie politique cubaine, et un goût des armes et des rapports ambigus avec le milieu.

L'auteur s'attarde aussi entre autres avec acuité, après la prise de pouvoir de 1959, sur la simplicité au quotidien de Castro – qui peut, il est vrai, confiner au sans-gêne –, son apparente proximité avec les humbles qui a contribué à la durable popularité qu'il semble avoir conservée dans le prolétariat rural, mais aussi sur l'opacité très tôt pratiquée à l'égard de ses méthodes de gouvernement, de ses rapports avec ses collaborateurs et de sa vie privée, qui demeure pour une part une énigme.

Autre aspect instructif de cette étude, si la réussite relative du régime castriste en matière d'éducation et de santé n'est pas niée, elle est sérieusement relativisée par les bonnes performances de Cuba sur ces plans dès l'ère Batista. Est également souligné l'art qu'a Castro d'enjoliver la prise d'assaut de la Moncada ou la guérilla de la Sierra Maestra – analyses démystifiantes d'Yves Lacoste à l'appui.

A contrario, dans un ouvrage précisément démystificateur, l'image du *Che*, en quelques évocations rapides, paraît quelque peu naïvement idéalisée, alors que la personnalité de Raul Castro semble plus justement nuancée et valorisée. Par ailleurs, sans mystère sur les aspects répressifs et oppressants du castrisme, écornant au passage la présidence d'Allende, Pierre Vayssière hésite toutefois à parler de totalitarisme à Cuba. Évoquant les illusions plus ou moins durables de nombre de nos compatriotes sur l'épopée castriste, il désigne un peu confusément la « deuxième gauche ». Enfin, si le bilan économique calamiteux ne fait pas de doute, l'auteur semble négliger la dimension régionale du sous-développement quand il n'y a pas perfusion continue de l'économie par une grande puissance, ainsi que certaines velléités de Castro d'explorer quelques voies alternatives avant la défection du grand frère soviétique, velléités que nous paraît attester le souvenir personnel d'une campagne publicitaire télévisée récurrente au milieu des années 1970 vantant au rythme du cha-cha-cha « la langouste de Cuba ».

On regrettera, malgré la qualité générale des sources, le recours à certains auteurs anticastristes à la déontologie et à la méthodologie douteuses, sans pour autant que Pierre Vayssière paraisse clairement assumer leurs dires. Quant au plan, mêlant logiques chronologique et thématique, il embrasse une grande variété de regards, mais laisse place aux redites et aux contradictions.

Malgré ces réserves, le *Fidel Castro* de Pierre Vayssière est une mine de connaissances sur l'homme et sur Cuba, en attendant que des évolutions politiques significatives dans l'île ouvrent un jour les bouches et les archives de manière décisive.

Renaud Quillet

Jacques Barrot, Christophe Bellon, *De l'indignation à l'engagement. Foi et politique*, Paris, Éditions du Cerf, 2012, 170 p.

L'ancien ministre Jacques Barrot et l'historien Christophe Bellon, publient un ouvrage consacré à la famille démocrate-chrétienne. Six temps découpent ce livre. Jacques Barrot délivre d'abord un témoignage sur son engagement politique et ce qu'il appelle « les exigences d'une action inspirée par l'Évangile » : exigences de liberté, de lucidité, de courage, de tolérance, d'honnêteté intellectuelle, et du « devoir d'intelligence ».

En une partie, intitulée « l'humanisme chrétien et les sources de l'engagement », les auteurs rappellent les grandes lignes de l'histoire de la démocratie-chrétienne française autour des thèmes du ralliement, de la lutte contre les totalitarismes, de l'action dans la Résistance et dans la construction européenne. Suit une partie traitant de « l'humanisme chrétien en action » avec le portrait de quatre « illustrations » de cette culture politique : Germaine Poinso-Chapuis, député des Bouches-du-Rhône, première femme ministre, chargée de la Santé publique et de la Population en 1947 et 1948 ; Eugène Claudius-Petit, élu de la Loire et ministre chargé de la Reconstruction de 1948 à 1953 ; André Diligent, député puis sénateur du Nord sous la Cinquième République ; Joseph Fontanet, élu de la Savoie et ministre sous de Gaulle et Pompidou.

Après cette présentation historique, la suite de l'ouvrage consiste en une réflexion qui propose des jalons pour approfondir l'actualité de la culture politique démocrate-chrétienne. Les auteurs s'interrogent sur son recul et les causes de celui-ci ; causes internes à l'Église, qui semble craindre, comme il y a un siècle, une certaine modernité, se replie sur son identité aux dépens de son rayonnement ; crises internes au monde politique tenté par le « court-termisme », le populisme et la *peopolisation* ; enfin causes liées aux mutations de la société autour des questionnements engagement / consumérisme, séduction / conviction, informations / compréhension, droit / devoir, individu / collectivité. Dans la partie nommée « Pour un nouvel âge de l'humanisme chrétien », les auteurs s'attachent à démontrer, qu'en dépit de ces ombres, un avenir est souhaitable et possible pour cette pensée politique dès lors que ceux qui s'en inspirent savent déjouer certains pièges du pouvoir, retrouver confiance dans la politique et enraciner leur action dans un christianisme ouvert à tous les humanismes. L'épilogue du livre trace des directions et appelle à dépasser le stade de l'indignation pour atteindre à celui de l'engagement en faveur du développement, de la justice sociale, de la démocratie, de la paix et de la culture, contre les menaces qui pèsent sur la planète et sur la vie, bref ! « pour une mondialisation humanisée et une Europe intégrée ».

Livre d'histoire, livre de témoignages, Jacques Barrot et Christophe Bellon offrent ici également un instrument de réflexion, presque de méditation, qui plaira à un public plus large que celui des spécialistes et des militants de la démocratie-chrétienne, tant il est vrai qu'aucun citoyen ne peut faire l'économie des questions traitées ici.

David Bellamy

Jérôme Pozzi, ***Les mouvements gaullistes. Partis, associations et réseaux, 1958-1976*****, Rennes, PUR, 2011, 390 p.**

Nouveau signe du fécond approfondissement que connaît depuis quelques années l'histoire du gaullisme en se tournant vers l'étude de ses acteurs, Jérôme Pozzi publie, malheureusement dans un texte réduit, la brillante thèse de doctorat qu'il a soutenue à Nancy II en 2008. C'est à l'étude de toutes les structures, imposantes ou groupusculaires, qui forment ce qu'il appelle légitimement la famille politique gaulliste, qu'il a consacré ses travaux. L'ensemble est complexe car constitué d'éléments variants, parfois peu visibles, qui se forment, mutent, disparaissent, renaissent ailleurs ou avec d'autres, au gré des aléas de l'histoire des deux premières décennies de la Ve République, temps où, comme il l'écrit « différentes conceptions de l'horlogerie générale des mouvements gaullistes ont prévalu » (p. 13), entre deux époques où le gaullisme s'est identifié à un parti de masse, celle du Rassemblement du Peuple Français (RPF), sous la IVe République, et celle du Rassemblement pour la République (RPR).

L'ouvrage progresse chronologiquement, des prolégomènes du tournant de 1958 à la transition vers la naissance du mouvement chiraquien en 1976, avec des articulations voire des pauses thématiques. Après « le retour dans l'arène des mouvements gaullistes », occasion de revenir sur la continuité qui, comme l'avait montré Bernard Lachaise, existe en ce domaine entre la IVe et la Ve République, l'auteur consacre un chapitre passionnant à l'Association nationale pour le soutien de l'action du général de Gaulle, dont il expose bien toute la spécificité par rapport à l'Union pour la nouvelle République (UNR) étudiée ensuite. Les « ruptures de compagnonnage gaulliste » liées à l'affaire algérienne font l'objet du chapitre suivant, auquel succède l'analyse de l'UNR au milieu des années 1960. Jérôme Pozzi entraîne ensuite le lecteur dans trois chapitres également très instructifs sur « le maquis des clubs gaullistes » – et on lui sait gré de nous guider avec talent dans ce dédale –, sur l'étude prosopographique, sociologique et politique des groupes parlementaires gaullistes à l'Assemblée nationale – soit 514 carrières étudiées finement pour en donner une synthèse éclairante –, enfin sur les réseaux particuliers des gaullistes de gauche. Le fil chronologique reprend avec les conséquences de mai 1968, pour un parti assommé qui laisse finalement l'initiative à des structures différentes comme les Comités de défense de la République (CDR), puis du départ du général de Gaulle et de l'accession de Georges Pompidou à la présidence de la République. Enfin, en deux derniers chapitres, l'auteur présente ce que deviennent les gaullistes « entre crispation idéologique et dérive conservatrice », comment ils se divisent puis tâchent de se rassembler autour de la personne de Jacques Chirac et du lancement du RPR. L'ouvrage s'achève par de précieuses annexes et illustrations. On citera, entre autres, le tableau synthétisant les circuits de financement de l'UDR au début des années 1970, éblouissante illustration de la parfaite maîtrise de son sujet par Jérôme Pozzi.

Parmi les nombreux profits de cette lecture, on nous permettra d'en signaler deux rapidement. Même si « le modèle génétique du gaullisme s'est partiellement érodé par un phénomène de capillarité avec ses concurrents de la droite » (p. 321), la famille gaulliste fut toujours particulière pendant cette période, manifestant en cela une authentique continuité avec ce qu'elle avait été avant 1958. Sachant user des mots et expressions adéquates comme « constellation », « satellites », « caractère polymorphe », « affluents du fleuve gaulliste », « rameau », « bourgeons », Jérôme Pozzi démontre que la famille gaulliste, certes unie dans la fidélité à un homme, ne fut jamais uniforme et sut efficacement s'adapter à la conjoncture.

Bref ! Servi par un style de belle qualité, une architecture rigoureuse, des démonstrations solides, assis sur un appareil archivistique et scientifique considérable (en dépit de la « disparition » des archives de l'UNR-UDR), ce livre est incontournable pour toute étude politique de la France contemporaine.

David Bellamy

Mathieu Monot, ***Socialistes et démocrates-chrétiens et la politisation de l'Europe*****, Paris, L'Harmattan, 2010, 213 p.**

Cet ouvrage de Mathieu Monot, publié par L'Harmattan avec le soutien de la Fondation Jean-Jaurès, est issu d'un mémoire de Master 2 primé par la Fondation en 2009.

Sur la forme, nous ne pouvons que nous réjouir d'avoir entre les mains un petit format très utile, pratique et facilement transportable.

Surtout, nous tenions à souligner le soin apporté au cahier d'illustrations (p. 25-45) composés de photographies d'archives et de reproductions d'affiche – le tout en noir et blanc. La seule interrogation qui reste en suspens étant celle du choix de la place de ce cahier dans l'ouvrage : coincé entre l'introduction et la première partie, il n'est pas aisément repérable et surtout cela enlève sans doute une part de sa pertinence scientifique. Cet aspect est d'autant plus troublant que nous trouvons en fin de volume (p. 185-192) des annexes – composées de tableaux et graphiques. Pourquoi ne pas avoir regroupé l'ensemble documentaire au même endroit ? Sans doute parce que, les illustrations sont justement là pour illustrer mais pas vraiment pour soutenir qualitativement l'analyse scientifique ni pour être un support à la réflexion ; en effet, les illustrations ne sont pas numérotées et il est ainsi difficile – pour ne pas dire impossible – de s'y reporter au moment de la lecture des différentes démonstrations et analyses scientifiques. Ainsi, deux photographies mettent en avant Robert Pontillon. Or celui-ci n'est mentionné nulle part ailleurs dans le corps de texte – comme le confirme l'index. Dans ce dernier, nous retrouvons quelques noms familiers d'acteurs politiques comme Papandréou, Schaüble ou Moscovici mais aussi – et c'est plus surprenant – ceux de Francisco Roa Bastos ou Michel Offerlé, qui apportent à cet ouvrage des supports réflexifs mais ne sont pas des acteurs du processus étudié. Enfin, et pour en terminer avec la forme, l'appareil critique et scientifique est maîtrisé et, dans l'ensemble, de qualité.

Sur le fond, cet ouvrage s'appuie sur une solide introduction qui commence avec l'analyse du paysage politique communautaire en soulignant la place des groupes, partis et fédérations de partis. L'auteur fait ensuite une courte mais bienvenue remise au point historiographique avant de passer à une analyse de la structure partisane qui s'organise autour du clivage gauche/droite. L'auteur en vient ensuite à définir les bornes chronologiques de son étude : 1979-2004 (p. 17). Cet ouvrage ne porte donc pas sur la naissance et l'organisation institutionnelle des communautés européennes mais bien sûr la période où les groupes, partis et fédérations de partis sont les mieux structurés et permettent une politisation accrue du système communautaire. Nous ne devrions donc pas trouver en principe, dans cet ouvrage, une analyse de l'impact des socialistes et des démocrates chrétiens sur le principe communautaire européen, ni sur les débuts de la construction européenne – pourtant, cela n'empêche pas l'auteur d'inclure dans le cahier d'illustrations neuf reproductions faisant référence à cette période initiale (1950-1973) ni même de consacrer le chapitre I « aux origines des mouvements transnationaux ». Pour mener à bien sa démonstration, l'auteur s'appuie sur le concept de politisation et son angle d'attaque principal s'adosse sur la "partisanisation" de la vie politique (M. Offerlé) en s'interrogeant sur le rôle des europartis dans le processus européen de décision et sur la partisanisation de l'institution et de ses rouages au quotidien. La démonstration s'organise en deux temps : « une structuration progressive de l'espace politique européen » et « vers une politisation du processus de décision européen ? ».

Dans la première partie, l'auteur revient sur les origines de la construction européenne et la place et le rôle différenciés des socialistes et des démocrates-chrétiens ; les uns tournés depuis longtemps vers l'internationalisme, les seconds moins habitués à la transnationalisation de leurs actions et programmes politiques. Ensuite, Mathieu Monot montre le bilan contrasté des tentatives de fédérations de partis à l'échelle européenne en comparant celle soutenue par les socialistes d'un côté (UPSCE) et celle soutenue par les démocrates-chrétiens de l'autre (PPE) ; avant que n'intervienne le tournant de 1992 (traité de Maastricht) qui entraîne la création du Parti socialiste européen (PSE) et la transformation du Parti populaire européen (PPE). La seconde partie s'intéresse avant tout à la place occupée par les socialistes et les démocrates-chrétiens dans le « jeu parlementaire européen », comme groupes et forces de pression politique. Mathieu Monot montre aussi comment des luttes partisanes s'organisent au sein du Conseil de l'Union européenne et comment les commissions perdent de leur aspect technique (ou technocratique) pour devenir des antichambres politiques par l'intermédiaire d'une politisation accrue et encore en cours.

On pourrait regretter que cet ouvrage ne s'appuie que sur des sources françaises et des entretiens d'hommes politiques français et il est dommage de ne pas avoir entre les mains une vraie analyse paneuropéenne. Pourtant, pourrait-il en être autrement ? Sans doute pas puisque ce travail de recherches serait d'une tout autre ampleur que celui exigé dans le cadre d'un mémoire de Master 2 dont est issu cet ouvrage. Il faut donc plutôt saluer la politique de publication de travaux de très jeunes chercheurs prometteurs par la Fondation Jean Jaurès.

Alexandre Niess

Note de lecture.
Le socialisme libéral en Italie : penseurs, pratiques et controverses,
par Frédéric Attal (ENS Cachan)

Un « *ircocervo* » ! C'est par ce substantif ironique que le philosophe Croce accueillit avec condescendance le projet de manifeste du « libéral-socialisme » que Guido Calogero, professeur à l'École normale supérieure de Pise, venait lui soumettre en 1940[4]. L'*ircocervo*, c'est la licorne, autrement dit une chimère, le rapprochement de deux concepts et idéologies antithétiques : voilà comment Croce voyait le libéral-socialisme, une tentative de réconciliation de deux idées et de deux familles politiques que le XIXe siècle et le début du XXe avaient opposées.

Si l'on en croit la production historiographique et politique en Italie et, ces toutes dernières années, en France, la licorne fait encore beaucoup parler d'elle. Il y a d'abord l'aspect théorique découvert, plus que redécouvert, par des philosophes français[5]. Les acteurs politiques qui ont discuté, inventé peut-être et porté ce concept – Piero Gobetti, Carlo Rosselli[6] – ont fait l'objet d'études récentes qui dépassent toutefois le cadre des idées politiques. Enfin, ce concept a été de façon périodique une forme d'étendard idéologique de la gauche non marxiste italienne après 1945, dont un ouvrage stimulant, paru en Italie en 2011, retrace le parcours, les heurts et malheurs, de l'après-guerre à la formation des coalitions de centre-gauche dans les années 1960[7].

On doit à Serge Audier l'analyse la plus exhaustive, en France, de la genèse du socialisme libéral en Italie qu'il a le mérite de décrire dans sa singularité, évitant les écueils de comparaisons transnationales diachroniques téméraires. Son ouvrage se compose de trois parties. La première traduit en français, pour la première fois depuis l'édition

---

4 Franco Fantoni, *L'ircocervo possibile. Liberalismo e socialismo da « Critica Sociale » ai « Quaderni di Giustizia e Libertà »*, Milan, FrancoAngeli, 2003, p. 15-17.

5 Monique Canto-Sperber, *Le socialisme libéral. Une anthologie, Europe-États-Unis*, avec Nadia Urbinati et la collaboration de Steven Lukes, Otto Kallscheuer, Mitchell Cohen, Paris, Le Seuil, 2003 ; Serge Audier, *Le socialisme libéral*, Paris, La Découverte, 2006.

6 Carlo Rosselli, *Socialisme libéral*, traduction, présentation et annotations de Serge Audier, Paris, Le Bord de l'eau, 2009 ; Piero Gobetti, *Libéralisme et révolution antifasciste*, édition d'Éric Vial, Paris, Presses de l'ENS, 2010 et *I fratelli Rosselli. L'antifascismo e l'esilio*, a cura di Alessandro Giacone ed Éric Vial, prefazione di Oscar Luigi Scálfaro, Rome, Carocci, 2011.

7 Luca Polese Remaggi, *La democrazia divisa. Cultura e politica della sinistra democratica dal dopoguerra alle origini del centro-sinistra*, Milan, Unicopli, 2011.

de 1987[8], le texte paru en 1930 que de précieuses et abondantes notes aident à comprendre. La vie de Rosselli, « exilé antifasciste, socialiste hétérodoxe » est racontée dans la seconde partie, puis un essai intitulé « Du socialisme libéral au libéralsocialisme. Éléments d'une généalogie conceptuelle » conclut l'ouvrage. Il est difficile de retracer avec exactitude la préhistoire du libéralsocialisme. Il y a d'abord la question du nom même et donc de la signification du ou des concepts. Libéral-socialisme ? Socialisme libéral ? Libéralisme social(iste) ? Si cette dernière expression est moins usitée, certains penseurs semblent malgré tout s'y référer. Ainsi, Guido De Ruggiero qui fait paraître, en 1925, une histoire du libéralisme en Europe et a consacré plusieurs pages aux relations entre socialisme et libéralisme[9], serait plus enclin à teinter de réformisme sa religion libérale qu'à tenter une synthèse entre les deux idées politiques. « Socialisme libéral » est bien le titre des articles (1924) puis de l'ouvrage théorique de Carlo Rosselli et c'est là-dessus que se construit un véritable débat dans la revue dirigée par Piero Gobetti, *La Rivoluzione liberale*, tandis que le « libéral-socialisme » est l'expression choisie par Guido Calogero, qui intervient tardivement et, semble-t-il, sans avoir lu ou même entendu parler du livre de Rosselli[10].

L'expression « socialisme libéral » est donc première et s'inscrit dans un contexte historique précis. L'essai de Serge Audier est exhaustif sur l'histoire de l'idée même et recense scrupuleusement tous les auteurs qui, de près ou de loin, se sont risqués à rapprocher socialisme et libéralisme. Il cite ainsi Eugenio Rignano (1870-1930), davantage connu, s'il l'est vraiment, pour son approche positiviste de la philosophie et des sciences que pour sa tentative de concilier socialisme marxiste et libéralisme économique[11]. L'exemple de Rignano démontre toutefois *a contrario* qu'il est audacieux de mettre tout le monde sur le même plan. Il en est ainsi de Mario Missiroli, éminent journaliste au *Resto del Carlino* de Bologne. S'il commet, en 1919, un *Polemica liberale* destiné, selon son auteur, à sauver le libéralisme par le socialisme, il a, avant même son ralliement au fascisme, navigué sur toutes les mers idéologiques (monarchiste, nationaliste…) et, comme en convient Serge Audier, reste très flou sur les concepts autant que sur les éléments concrets[12]. Quant à Croce, sa contribution à la pensée du libéralisme est

---

[8] Carlo Rosselli, *Socialisme libéral*, préface d'Angiolo Bandinelli, Bruxelles, Éditions du Jeu de Paume, 1987.

[9] Serge Audier, *op. cit.*, p. 361-365.

[10] Franco Sbarberi, *L'utopia della libertà eguale. Il liberalismo sociale da Rosselli a Bobbio*, Turin, Bollati Boringhieri, 1999, p. 78-114.

[11] Serge Audier, *op. cit.*, p. 346-349.

[12] *Ibidem*, p. 349-350. Sur le peu d'intérêt et de rigueur de la pensée de Missiroli sur cet objet, voir Franco Fantoni (2003), p. 21-23.

tardive (1925) et reste essentiellement philosophique, très peu doctrinaire[13].

Il reste alors un cercle restreint à quelques intellectuels appartenant à des générations différentes mais unis par de nombreux liens. Gaetano Salvemini (1873-1957), historien engagé dans le Parti socialiste avant la guerre, mais aussi peu attiré par le marxisme que par la théorie politique en général, a sans doute contribué à orienter nombre de ses amis et condisciples vers l'acceptation sans ambiguïté de la démocratie libérale. Il n'intervient qu'indirectement dans le débat[14]. Ce sont deux de ses disciples qui approfondissent la réflexion : le journaliste et éditeur turinois Piero Gobetti (1901-1926) et Carlo Rosselli (1899-1937), alors diplômé en sciences sociales à Florence où il fait la connaissance de Salvemini et qui rejoint le Parti socialiste après l'assassinat de Matteotti. Les deux jeunes hommes, antifascistes dès 1919, sont avant tout influencés par la pensée libérale et plus exactement un libéralisme de gauche, inspiré à la fois par l'expérience travailliste anglaise et les écrits de Leonard Hobhouse (1864-1929)[15]. Comme pour le député Giovanni Amendola, chef du mouvement de l'*Aventin* à la Chambre des députés en 1924 ou encore le philosophe Guido De Ruggiero qui a été correspondant de presse à Londres, l'Angleterre devient une référence en matière de libéralisme progressiste. C'est bien de cette famille politique que vient au départ l'idée de socialisme libéral. L'essai de Rosselli de 1930 est sans ambiguïté : c'est une charge contre le socialisme dit scientifique et le marxisme, qui ne s'inscrit nullement dans le courant révisionniste lancé par le socialiste allemand Bernstein. Pour que la rencontre entre le libéralisme et le socialisme ait lieu, il est certes nécessaire que le premier aille vers le second, mais il faut surtout que le dernier amorce une véritable rupture épistémologique, idéologique et politique.

Cette observation semble rendre vaine toute polémique sur les convictions profondes qui animaient Gobetti. Traduisant pour la première fois en français la partie la plus importante des écrits politiques du journaliste turinois postérieurs à 1922[16], Éric Vial fait justice des accusations lancées récemment par une partie de la droite

---

13 Giovanni Sartori, *Studi crociani*, Bologne, Il Mulino, 1997.

14 Serge Audier, *op. cit.*, p. 339-345.

15 Sur l'importance du penseur anglais, *ibidem*, p. 318-321.

16 La seule édition française de certains écrits de Gobetti, due à l'historien italien Marco Gervasoni, a paru en 1999 (Piero Gobetti, *La Révolution libérale*, suivi de Marco Gervasoni, « Piero Gobetti, le libéralisme et la politique », Paris, Allia, 1999). L'ouvrage d'Éric Vial contient, outre un solide travail critique et une très complète biographie intellectuelle et politique de Gobetti, de précieuses notices biographiques sur les acteurs italiens cités.

intellectuelle italienne selon laquelle Gobetti serait un cryptocommuniste[17]. La controverse naît des sympathies réelles du journaliste turinois pour *L'Ordine Nuovo* et plus particulièrement ses deux directeurs, Antonio Gramsci et Palmiro Togliatti, puis d'un jugement complaisant pour la révolution bolchevique, enfin de sa proposition d'une grande alliance antifasciste ouverte aux communistes. Outre le contexte – la mise en place d'une dictature bientôt totalitaire – qui explique la dernière proposition, il est clair que Gobetti, décédé en février 1926, n'a pas une connaissance précise de ce qu'est devenue la Russie bolchevique. Mais surtout, rejoignant la réflexion initiale sur le socialisme libéral, la lecture des articles de Gobetti rend évident son attachement au libéralisme politique et même économique. Quand il fait éloge de l'économiste libéral orthodoxe Luigi Einaudi ou qu'il prend position contre un État trop protecteur en matière sociale, on ne voit guère de trace de volontarisme jacobin, statolâtre voire bolchevique[18]. Son libéralisme « atypique » (Éric Vial) et révolutionnaire « s'inspire d'une inexorable passion libertaire », selon ses mots mêmes. Les conditions de cette liberté permettent « un conflit de forces toujours capables de produire de nouvelles aristocraties dirigeantes si de nouvelles classes populaires ravivent la lutte par leur volonté désespérée de s'élever »[19]. Cette phrase illustre bien l'inspiration sorélienne de Gobetti et la conception d'un libéralisme comme sélection des meilleurs par la libre lutte politique. On est loin du socialisme, marxiste ou non.

Éric Vial, spécialiste entre autres de l'antifascisme italien en exil et Alessandro Giacone, auteur d'une thèse sur la fonction présidentielle italienne soutenue en 2008, ont dirigé le dernier opus en date sur les frères Rosselli (2011), fruit d'un colloque organisé à Paris un an auparavant. Cette fois, les débats théoriques sur le socialisme libéral ont fait place, entre autres, à des interventions sur l'antifascisme en exil et un regard plus attentif à Nello Rosselli, cadet de Carlo, né en 1900 et historien qui s'est diplômé sous la direction de Salvemini. Les deux frères, unis dans la mort avec leur assassinat atroce perpétré par la Cagoule sur l'ordre du régime fasciste et singulièrement de Galeazzo Ciano, le gendre du Duce[20], sont souvent confondus à tort dans la

[17] Éric Vial, *op. cit.*, p. 63 et 93-94.

[18] *Ibid.*, p. 106-120 et 121-122. Il faudrait ajouter les éloges de Mosca, de Croce et de Ford publiés dans ce volume.

[19] Piero Gobetti, *op. cit.*, p. 154.

[20] Voir à ce propos, dans ce volume, Mimmo Franzinelli, « All'ombra del delitto Rosselli », p. 119-127, ainsi que, du même auteur, *Il delitto Rosselli : 9 giugno 1937, anatomia di un omicidio politico*, Milan, Mondadori, 2007 et Éric Vial, *La Cagoule a encore frappé : l'assassinat des frères Rosselli*, Paris, Larousse, 2010.

mémoire et l'historiographie, y compris par l'auteur de ces lignes[21]. Carlo, le politique, fonde « Giustizia e libertà » sans son frère et s'engage sans lui aux côtés des Républicains espagnols. Si Nello est antifasciste de cœur et de raison – il entre au Parti républicain, quand son frère s'engage au Parti socialiste –, il demeure un historien, engagé qui plus est dans l'École d'histoire moderne et contemporaine alors dirigée par Gioacchino Volpe, fasciste patenté et reconnu par le régime, bien que peu apprécié de Mussolini[22]. Sans doute, comme le notait *a posteriori* son maître Salvemini, l'un des deux frères devait rester en Italie, ayant les moyens de vivre indépendamment du pouvoir et de lui opposer une résistance intellectuelle[23]. Les autres – Carlo, évadé de Lipari, Salvemini, Ernesto Rossi, un autre de ses disciples, mais aussi Max Ascoli, Angelo Tasca et de nombreux politiques et intellectuels – sont contraints à l'exil. Cette expérience fait l'objet de la deuxième partie de l'ouvrage. Elle analyse les réseaux permettant l'émigration puis les moyens de ne pas sombrer dans la misère. À cet égard, le rôle des femmes en Angleterre – Marion Cave, épouse de Carlo, est anglaise – est exemplaire et, sans elles, Salvemini n'aurait sans doute pas pu durablement s'installer en Angleterre, avant son départ pour les États-Unis[24]. D'autre part, cette partie met en valeur l'expérience intellectuelle de l'exil, différente selon les pays. Si Salvemini choisit par exemple les États-Unis, c'est qu'il pense que son activité scientifique sera facilitée, et que celle-ci ne peut que servir l'antifascisme[25]. Une fois encore, les réseaux sont précieux et Max Ascoli, qui a pu partir grâce à une *fellowship* de la fondation Rockefeller, collabore à la *New School for Social Research* d'Alvin Johson, qui aurait été prête à accueillir Nello[26].

L'assassinat, le souvenir et l'héritage des Rosselli font l'objet des 3e et 4e parties, la 5e étant consacrée à des témoignages ou documents sur leur histoire. L'écho du meurtre des deux hommes aux États-Unis permet de démontrer la complaisance des journalistes américains, il est vrai, renforcée par la sympathie que suscite le fascisme auprès de la communauté italienne outre-Atlantique[27]. Même après la guerre et la

21 Éric Vial, « L'inconstanza della memoria : errori e semplificazionei su Carlo e Nello Rosselli » dans Éric Vial et Alessandro Giacone, *op. cit.*, p. 200-213.

22 Simone Visciola, « Nello Rosselli : uno storico alla ricerca della libertà », p. 26-42.

23 *Ibid.*, p. 34.

24 Isabelle Richet, « Marion Rosselli, la fuga da Lipari e lo sviluppo dei circuiti antifascisti in Gran Bretagna », *ibid.*, p. 74-88.

25 Elisa Signori, « Rosselli, Salvemini e la Francia : esperienze d'esilio, giudizi e discussioni », p. 89-105.

26 Simone Visciola, art. cité, p. 34.

27 Bénédicte Deschamps, « L'eco dell'assassinio dei fratelli Rosselli negli Stati Uniti », p. 153-164.

victoire contre les fascismes, l'héritage paraît encombrant et lourd à assumer. Il est double. Il faut d'une part tenter de ne pas trop insister sur les responsabilités italiennes dans le meurtre. Leur rendre hommage en Italie dans les années cinquante relève de l'exercice diplomatique[28]. D'autre part, alors que la gauche socialiste rejoint le PCI et s'inscrit dans le courant marxiste le plus orthodoxe, que fait-on de l'héritage du socialisme libéral ? Il n'est clairement revendiqué qu'à partir des années soixante et soixante-dix, lors du processus d'autonomisation progressif puis d'indépendance du PSI à l'égard tant du parti communiste que de la doxa marxiste[29].

En attendant la maturation de ce processus, les idées rosselliennes intéressent davantage les minoritaires mais très influents libéraux progressistes italiens. C'est à eux qu'est consacré l'essai stimulant de Luca Polese Remaggi. Enseignant à l'université de Salerne et auteur d'ouvrages sur la revue florentine libérale de gauche *Il Ponte* et d'une biographie consacrée à Ferruccio Parri, résistant et président du Conseil à la libération de l'Italie en 1945, Luca Polese étudie les cultures politiques qui ont pu aussi bien diviser qu'unir la gauche démocratique italienne de 1945 au milieu des années soixante. Celle-ci se définit par un refus plus ou moins marqué de l'hégémonie démocrate-chrétienne et par un rejet de toute forme d'alignement sur le PCI. L'éventail des positions reste large et l'auteur aborde son étude par ce qui aurait pu être le creuset commun mais qui constitue un premier facteur de division, le libéralsocialisme, entre ceux qui croient et ceux ne croient pas à l'*ircocervo*[30]. Après un bref moment d'unanimité – la lutte contre le fascisme, dont l'éphémère parti d'Action, qui réunit cette mouvance réformatrice, est l'une forces les plus engagées –, la guerre froide divise plus qu'elle ne rassemble cette même gauche, entre une frange neutraliste, partisane du dialogue avec les communistes, et des groupes anticommunistes et atlantistes. Qu'est-ce qui peut encore réunir ces groupes disparates ? L'auteur énumère trois thèmes importants : la recherche d'une société civile moderne, le rôle des élites et de l'État dans la réforme du capitalisme et la lutte contre les monopoles, l'antitotalitarisme. On pourrait ajouter une foi certaine en l'Europe fédérale, même si elle n'est pas envisagée de la même façon par tous. Un lecteur français tenté par la comparaison entre la gauche

---

28 Alessandro Giacone, « La traslazione delle spoglie di Carlo e Nello Rosselli a Firenze », p. 165-173.

29 Leonardo Casalino, « La "metafora della ricerca" : note sur Carlo Rosselli e Giustizia e Libertà nella storia della sinistra italiana del Novecento », p. 214-226. Sur la fortune, après 1945, du libéralsocialisme, de Calogero à Norberto Bobbio, voir Franco Sbarberi, *op. cit.*

30 Luca Polese Remaggi, *op. cit.*, p. 19-36.

démocratique en France à la même époque et celle d'Italie remarquera plusieurs éléments de différenciation bien mis en valeur par l'auteur, qui s'essaye également à évaluer les dissemblances entre les deux pays[31]. D'une part, la force éditoriale du camp libéral-réformiste italien que le livre parvient à présenter de façon exhaustive en quelques pages seulement ; d'autre part, l'ambition politique des différents groupes intellectuels qui composent le camp progressiste. C'est notamment dû à l'origine plus technocratique et universitaire de ces intellectuels – issus de la filière des sciences sociales. La place des méridionalistes qui développent une réflexion sur le sous-développement du Mezzogiorno et les moyens de résoudre le problème, explique en partie ce phénomène[32].

Une foi inébranlable en la démocratie parlementaire et libérale et une volonté de transformation du système capitaliste, sans révolution ni bureaucratisme, une forme nouvelle de libéral-socialisme donc, réunit à l'aube des années soixante ces groupes épars et auparavant divisés. L'enjeu en vaut la chandelle. L'arrivée de Kennedy et de son *think tank* à la Maison blanche permet en effet l'ouverture à gauche du gouvernement et les anciens du Parti d'action peuvent enfin entrer en scène. L'espoir est hélas de courte durée et le réformisme du centre-gauche peut à peine éclore, mais c'est une autre histoire dont on attend que Luca Polese la narre avec autant d'efficacité et de clarté.

---

[31] Comme sur la question des compagnons de route venant du camp réformiste (*ibid.*, p. 122).

[32] *Ibid.*, p. 97-100.

[Résumés / Abstracts]

Jean Audouze

Benjamin Franklin : de la science à l'action politique. La vie de Benjamin Franklin est brièvement évoquée : on constate que ses activités scientifiques (travaux sur l'électricité – invention du paratonnerre…) ont eu un impact direct sur ses actions politiques et diplomatiques : sa réputation de savant a grandement facilité son rôle dans l'indépendance des États-Unis et sa ligne de vie à la fois pragmatique et tournée vers le bien commun s'est manifestée quasiment simultanément dans ces deux domaines apparemment disjoints. **Mots clés :** Benjamin Franklin, histoire des États-Unis, histoire des sciences.

Benjamin Franklin: from science to diplomatic and political action. *The life of Benjamin Franklin is briefly presented: one can see that his scientific activities (works on electricity, invention of the lightning rod…) had a direct impact on his actions in diplomacy and politics: his reputation as a brilliant scientist has been a tremendous help in his pivotal role to make the United States independent and his pragmatical and charitable conduct occurred almost simultaneously in these two apparently disjoint domains.* ***Keywords:*** *Benjamin Franklin, history of the United States of America, history of science.*

Natalie Pigeard-Micault

Faculté et Académie de médecine face à la Commune de Paris 1871. Si durant le siège de Paris la Faculté et l'Académie de médecine se mobilisent pour faire face à la situation du peuple parisien, durant le gouvernement de la Commune, ces deux institutions semblent ne pas se préoccuper des événements politiques et sociaux qui les entourent. Les cours de la Faculté sont suspendus alors même que son grand amphithéâtre est occupé par de multiples réunions révolutionnaires. Quant à l'Académie, elle continue de se réunir toutes les semaines sur des problèmes qui sont loin d'être ceux des Parisiens. **Mots clés :** Faculté de médecine, Académie de médecine, Commune de Paris.

The Faculty and the Academy of medicine during the "Commune de Paris", 1871. *Although during the "Siège de Paris" the Faculty and the Academy of medicine mobilize to cope at the situation of the people of Paris, during the government of the "Commune", these two institutions seem not to worry about political and social events which surround them. The courses of the Faculty are suspended when its lecture hall is occupied by multiple revolutionary meetings. As for the Academy, it continues to meet every week on issues that are far from those of Parisians.* ***Keywords:*** *Faculty of medicine, Academy of medicine, "Commune de Paris".*

Juan José Saldaña

La révolution d'Indépendance et la naissance d'une politique scientifique au Mexique. Le Mexique a accédé à l'indépendance en 1821 en tant que nation pré-moderne, bien qu'ayant compté auparavant des personnes éclairées qui avaient permis une modernisation scientifique, mais avec des conditions politiques et sociales du régime colonial qui y faisaient obstacle. Avec l'Indépendance, il fut enfin possible, pour la première fois, de mettre en pratique, sous les auspices de l'État, une science moderne qui affichait des objectifs nationalistes, dont la formulation revenait en grande partie aux hommes de science. Cet article montre comment s'est fait le passage de la sphère privée à la sphère publique, dans le domaine scientifique au Mexique, comme conséquence de la révolution d'Indépendance. **Mots clés** : Indépendance mexicaine, révolution mexicaine, politique scientifique, science et politique.

The Independence revolution and the emergence of a science policy in Mexico. *Mexico became independent in 1821. It was then a pre-modern nation, even though it previously numbered some enlightened people who had made a scientific modernization possible, but in the political and social conditions of colonial regime, which were impeded it. With Independence, it became finally possible, for the first time, to implement, under the auspices of the state, a modern science which lays claim to nationalist goals mostly devised by scientists. This article shows how the transition from the private to the public sphere took place in the scientific field in Mexico, as a result of the Independence revolution.* ***Keywords:*** *Mexican Independence, Revolution, Science policy, Science and politics.*

La revolución de Independencia y el surgimiento de la política para la ciencia en México. *México obtuvo su independencia en 1821 como pre-nación moderno, a pesar de que anteriormente contaba personas iluminadas que habían permitido una modernización científica, sino en las condiciones políticas y sociales del régimen colonial que les obstaculizaba. Con la Independencia, fue finalmente posible por primera vez poner en práctica, bajo los auspicios del Estado, una ciencia moderna que mostraba objetivos nacionalistas, cual formulación se debió en gran parte a los científicos. En este artículo se muestra cómo se hizo la transición de lo privado a lo público, en la ciencia en México como resultado de la revolución de Independencia.* ***Palabras claves:*** *Independencia mexicana, revolución, política científica, ciencia y política.*

Cédric Grimoult

Les anthropologues et la Révolution nationale (1940-1944). Les anthropologues français restèrent divisés pendant la Seconde Guerre mondiale, comme ils l'étaient depuis 1870. Quelques spécialistes tentèrent d'imposer leur idéologie raciste, antisémite et eugéniste avec l'aide des autorités allemandes. Mais ils échouèrent en raison d'une triple contradiction :

la conception libérale de la médecine, la croyance dans le rôle évolutif primordial de l'environnement et la priorité de la lutte contre la dépopulation. Le régime de Vichy prétendit mener une nouvelle politique, mais ne put faire davantage que la IIIe République. **Mots clés** : anthropologie, darwinisme social, eugénisme, régime de Vichy, racisme.

The French Antrophologists and the* Révolution nationale *(1940-1944). *French anthropologists remained divided during World War II as they had been since 1870. A few specialists tried to impose their racist, antisemitic and eugenic ideology with the help of the German authorities. But they failed because of a triple contradiction: physicians defended sanitary liberalism, believed in the primary role of the environment in evolution and fought against the decline of the population. The Vichy regime claimed it would institute a new policy, but did not achieved more than the Third Republic.* ***Keywords:*** *Anthropology, Social Darwinism, Eugenics, Vichy regim, Racism.*

David Stefanelly

La constitution d'un groupe parlementaire légitimiste sous la Seconde République, un « processus inachevé ». Malgré leur échec politique final, les légitimistes s'inscrivent dans le processus de structuration politique à l'œuvre pendant la Seconde République. Sous la Constituante, ils constituent un petit groupe de parlementaires. Il s'étoffe sous la Législative. Soudés par la lutte contre les « rouges », animés par d'intenses réflexions idéologiques et menés par un leader, Berryer, ils forment un véritable groupe parlementaire au sein de l'hémicycle pendant la Constituante comme pendant la Législative. Pourtant, ce processus politique est inachevé. Dès le départ, les contours de ce groupe parlementaire sont flous. De plus, victimes de tiraillements avec leurs alliés conservateurs et de divisions internes, les représentants légitimistes se montrent trop fragiles pour résister aux agissements de Louis Napoléon Bonaparte et à son coup d'État. Ils ne peuvent contrecarrer ses projets impériaux et ne se relèvent pas de leurs divisions, hésitations et d incohérences, véritables obstacles à « l'intégration partisane ». **Mots clés :** légitimisme, Berryer, groupe parlementaire, Seconde République.

The constitution of a legitimist parliamentary group under the Second French Republic, an unfinished process. *In spite of their final political failure, the legitimists join the process of political structuralization in the work hanging the Second French Republic. Under the Constituent Assembly, they establish a small group of Members of Parliament. This group fills out under the Legislative. Welded by the fight against "red", livened up by intense ideological reflections and led by a leader, Berryer, they train a real parliamentary group within the French National Assembly during the Constituent and the Legislative Assembly. Nevertheless, this political process is unfinished. From the beginning, the outlines of the parliamentary group are fuzzy. Furthermore, victims of lightness with their conservative allies and internal divisions, the legitimist representatives show themselves too fragile to resist Louis Napoléon's Bonaparte schemes and his coup* *d'État. They cannot thwart his imperial projects and do not get up of their divisions, their hesitations and their incoherence, real obstacles to "the partisan integration".* ***Keywords:*** *Legitimism, Berryer, Parliamentary Group, Second Republic.*

Bruno Dumons

Souffrir en politique. Dames « blanches » et jésuites au temps de la République (1880-1914). Le vote de la loi sur les associations en 1901, destiné à lutter contre les congrégations, a suscité la colère de plusieurs milliers de femmes catholiques en France sous la forme de pétitions et de ligues féminines. Celle qui a été fondée à Lyon en 1901, de sensibilité monarchiste, est l'œuvre de deux femmes, Jeanne Lestra et la comtesse de Saint-Laurent, guidées par un jésuite, le père Antonin Eymieu. À partir de cet exemple tiré de l'univers de la culture politique « blanche », il s'agit ici de s'interroger sur les mécanismes de l'engagement politique qui répondent à des souffrances de nature individuelle ou collective. **Mots clés :** souffrance en politique, femmes, catholicisme, jésuites.

Suffering in politics. Royalist women and Jesuits in the times of the Republic (1880-1914). *The vote of the Law on Associations in 1901, intended to fight against congregations, angered thousands of catholic women in France in the form of petitions and women's leagues. The one which was founded in 1901 in Lyon, of monarchic sensibility, is the work of two women, Jeanne Lestra and Countess de Saint-Laurent, guided by a Jesuit, Antonin Eymieu. From this example from the world of « white » political culture, we consider the mechanisms of political commitment to address the suffering of individual or collective.* ***Keywords:*** *Suffering in Politics, Women, Catholicism, Jesuits.*

Dominique Pinsolle

Pouvoir politique contre pouvoir médiatique : les procès Chaumié et Humbert contre *Le Matin* (1907-1908). *Le Matin*, l'un des « quatre grands » de la presse française, exerce un pouvoir considérable au début du XXe siècle. Son propriétaire, Maurice Bunau-Varilla, est un maître chanteur sans scrupule qui fait trembler députés, ministres et chefs d'État. En 1907 et 1908, deux sénateurs, Joseph Chaumié et Charles Humbert, osent lui résister en poursuivant *Le Matin* en justice. Leurs victoires, presque simultanées, mettent fin à une période d'arrogance extrême au cours de laquelle Bunau-Varilla se sentait intouchable et tout-puissant. **Mots clés** : presse, chantage, procès, diffamation, scandale.

Political power against media power: the trials of Chaumié and Humbert vs.* Le Matin *(1907-1908). Le Matin, *one of the « Big Four » of the French press, was a very powerful newspaper at the beginning of the twentieth century. His owner, Maurice Bunau-Varilla, was an unscrupulous blackmailer who overwaved deputies, ministers and chiefs of state. In 1907 and 1908, two senators, Joseph Chaumié and Charles Humbert,* *dared to resist him by suing* Le Matin. *Their victories, almost simultaneous, put a stop to a period of extreme arrogance during which Bunau-Varilla felt untouchable and omnipotent.* **Keywords:** *Press, Blackmail, Trial, Muckraking, Scandal.*

Mathieu Petithomme

« Confiner » le clivage européen : le RPR et la gestion de ses divisions internes lors du référendum sur le Traité de Maastricht (1992). Cet article met en avant les stratégies des partis pro-européens d'opposition afin de contenir leurs divisions internes pendant et à la suite des campagnes référendaires européennes. En s'appuyant sur l'étude du discours de la direction du RPR lors du référendum sur le Traité de Maastricht en 1992, il démontre que le parti a tenté de « confiner » les enjeux européens à travers une stratégie de procrastination, une nationalisation des débats et une volonté de cooptation des dissidents afin de contenir le factionnalisme. Cela illustre la centralité de stratégies récurrentes de dépolitisation utilisées par les partis de gouvernement sur les questions européennes. **Mots clés :** RPR, intégration européenne, factionnalisme, Traité de Maastricht.

« Confining » the European cleavage: the* RPR *and the management of its internal divisions in the Maastricht Treaty referendum (1992). *This article points out the strategies of pro-European opposition parties to contain their internal divisions during and in the aftermath of European referendum campaigns. On the basis of the study of the discourse of the* RPR *leadership in the referendum on the Treaty of Maastricht in 1992, it demonstrates that the party has tried to "confine" European issues through a strategy of procrastination, a nationalisation of the debates and a willingness to co-opt dissidents to contain factionalism. It illustrates the centrality of recurrent strategies of depoliticisation used by governmental parties on European matters.* **Keywords:** RPR, *European integration, Factionalism, Maastricht Treaty.*

Numéros parus

2003 n°0 : Faut-il tourner le dos à la politique ?

2004 n°1 : L'Europe, l'Europe !
hors série 1 : Changer de République ? 1962-2004
n°2 : Les Urnes de l'oncle Sam

2005 n°3 : Varia + dossier laïcité
hors série 2 : Politique en Aquitaine, des Girondins à nos jours
n°4 : Quarante ans de présidentielles (1965-2005)

2006 n°5 : Monde rural et politique en Europe (XIXe-XXe siècles)
n°6 : Socialistes au Parlement

2007 n°7 : Les Politiques au pied du mur
hors série 3 : Penser et construire l'Europe
n°8 : Jeunes en politique

2008 n°9 : Mai 1968 en débats
hors-série 4 : Second Empire
n°10 : La Guerre des mots. 14-18 dans les Parlements européens

2009 n°11 : Les Juristes et la loi
hors-série 5 : Gaullistes au Parlement
n°12 : À l'heure du coup d'État

2010 n°13 : L'homme providentiel
hors-série 6 : Clergé et politique en France (XVIe-XIXe siècles)
n°14 : Violence des échanges en milieu parlementaire

2011 n°15 : Parlements et parlementaires de France au XVIIIe siècle
hors-série 7 : Vie et pratiques politiques en terres méditerranéennes
n°16 : Élus et élections du 8 février 1871

2012 n°17 : La diplomatie parlementaire en France après 1945
hors-série 7 : Scènes politiques

à paraître

2013 n°19 : Femmes outsiders en politique
hors-série 9 : L'antiparlementarisme en France
n°20 : L'administration territoriale de la France

Procédure de soumission des contributions

Le comité de rédaction examine toute proposition d'article, de dossier ou de numéro thématique, éventuellement issu d'un colloque ou d'une journée d'études, portant sur l'histoire politique moderne ou contemporaine.

Soumission des propositions. Pour les propositions d'articles, l'auteur envoie son texte et un CV détaillé aux adresses signalées au quatrième paragraphe, ainsi qu'à spanicolatin arobase hotmail.com. Pour les propositions de dossier ou de numéro, le(s) coordonnateur(s) envoi(en)t un synopsis et un projet de sommaire au directeur de la rédaction (jeang78 arobase orange.fr) et aux adresses signalées ci-dessous. Le comité de rédaction détermine avec le(s) coordonnateur(s) l'espace attribué au dossier, la composition du sommaire (articles, sources ; comptes rendus de lecture thématiques dans le cas d'un hors-série) et le calendrier de parution.

Envoi des manuscrits. Le texte des contributions ne dépasse pas 30 000 signes, notes et espaces compris, sauf requête particulière de la rédaction. Il doit comporter un titre, un résumé de 500 signes et une liste de 5 mots-clés ; titre, résumé et mots-clés doivent également être traduits en anglais. L'auteur utilise le document fourni par la rédaction (et disponible sur www.parlements.org) pour rédiger son article, afin de respecter la mise en page demandée. L'article peut être accompagné de tableaux, cartes ou graphiques dont l'auteur précise le titre, la légende et les sources.

Le texte et les annexes sont envoyés par mail simultanément aux adresses suivantes : noelline.castagnez arobase univ-orleans.fr ; alexandreborrell arobase hotmail.fr ; alexandreniess arobase hotmail.com. L'auteur précise à cette occasion ses coordonnées postales et l'adresse électronique qui apparaîtra dans le numéro.

Le fichier Word porte le nom de l'auteur. Les documents annexes sont baptisés selon le même principe ; on indique dans le corps du texte la place où ils doivent apparaître dans le corps du texte. Les éventuels documents iconographiques pour la couverture doivent parvenir en haute définition (minimum 300 dpi), au format JPEG autant que possible.

Conventions typographiques et bibliographiques. Se reporter aux consignes disponibles sur www.parlements.org/revueparlements.html.

Procédure d'expertise. Chaque article est soumis à deux membres du comité de lecture, qui communiquent au secrétariat de rédaction un avis motivé dans un délai de trois mois. L'auteur est alors tenu informé de la décision ; en cas d'acceptation sous réserve de corrections, il reçoit des indications précises et sa version remaniée est à nouveau soumise aux relecteurs pour validation.

L'acceptation par l'auteur de la publication de sa contribution vaut également accord pour mise en ligne sur la plate-forme Cairn (www.cairn.info).

Abonnement

Vos coordonnées

Nom ____________________ Prénom____________________
Institution____
Adresse____
____
CP__________ ville____________________ pays__________
téléphone____________ courriel______________________

Je souhaite souscrire un abonnement d'un an (trois numéros)[1]
à *Parlement[s], Revue d'histoire politique.*
Tout abonnement individuel vaut adhésion au CHPP.

Date____
et signature____

(mentions obligatoires)

Joindre votre règlement (chèque à l'ordre de L'Harmattan)

Bulletin à renvoyer complété à :
Noëlle Dauphin (CHPP) – 6 place Royale – 78 000 Versailles

Tarifs (3 numéros par an) :

Abonnement annuel (France) : - Particuliers 45 €
- Institutions 55 €
- Étudiants 40 €*

Abonnement annuel (étranger) : - Particuliers 55 €
- Institutions 60 €

* joindre une copie de la carte d'étudiant

Achat d'anciens exemplaires :

Consulter le site du CHPP, rubrique abonnement (www.parlements.org).

[1] Les abonnements sont souscrits pour une année civile.

L'HARMATTAN, ITALIA
Via Degli Artisti 15; 10124 Torino

L'HARMATTAN HONGRIE
Könyvesbolt ; Kossuth L. u. 14-16
1053 Budapest

ESPACE L'HARMATTAN KINSHASA
Faculté des Sciences sociales,
politiques et administratives
BP243, KIN XI
Université de Kinshasa

L'HARMATTAN CONGO
67, av. E. P. Lumumba
Bât. – Congo Pharmacie (Bib. Nat.)
BP2874 Brazzaville
harmattan.congo@yahoo.fr

L'HARMATTAN GUINÉE
Almamya Rue KA 028, en face du restaurant Le Cèdre
OKB agency BP 3470 Conakry
(00224) 60 20 85 08
harmattanguinee@yahoo.fr

L'HARMATTAN CAMEROUN
BP 11486
Face à la SNI, immeuble Don Bosco
Yaoundé
(00237) 99 76 61 66
harmattancam@yahoo.fr

L'HARMATTAN CÔTE D'IVOIRE
Résidence Karl / cité des arts
Abidjan-Cocody 03 BP 1588 Abidjan 03
(00225) 05 77 87 31
etien_nda@yahoo.fr

L'HARMATTAN MAURITANIE
Espace El Kettab du livre francophone
N° 472 avenue du Palais des Congrès
BP 316 Nouakchott
(00222) 63 25 980

L'HARMATTAN SÉNÉGAL
« Villa Rose », rue de Diourbel X G, Point E
BP 45034 Dakar FANN
(00221) 33 825 98 58 / 77 242 25 08
senharmattan@gmail.com

L'HARMATTAN TOGO
1771, Bd du 13 janvier
BP 414 Lomé
Tél : 00 228 2201792
gerry@taama.net

Achevé d'imprimer par Corlet Numérique - 14110 Condé-sur-Noireau
N° d'Imprimeur : 96342 - Dépôt légal : mars 2013 - *Imprimé en France*

www.ingramcontent.com/pod-product-compliance
Lightning Source LLC
LaVergne TN
LVHW010021081026
849535LV00016B/2536